设计必修课

室内软装陈设

理想·宅 编

SHINEI
RUANZHUANG
CHENSHE

化学工业出版社

·北京·

编写人员名单：（排名不分先后）

李银斌	李小丽	王 军	李子奇	于兆山	蔡志宏	刘彦萍	张志贵
刘 杰	李四磊	孙银青	肖冠军	王 勇	梁 越	安 平	马禾午
谢永亮	李 广	黄 肖	邓毅丰	孙 盼	张 娟	李 峰	余素云
周 彦	邓丽娜	杨 柳	穆佳宏	张 蕾	刘团团	陈思彤	赵莉娟
祝新云	潘振伟	王效孟	赵芳节	王 庶	王力宇	叶 萍	

图书在版编目（CIP）数据

设计必修课. 室内软装陈设 / 理想·宅编. —北京：
化学工业出版社，2018.4（2024.2重印）
ISBN 978-7-122-31676-9

Ⅰ．①设… Ⅱ．①理… Ⅲ．①室内装饰设计
Ⅳ．①TU238.2

中国版本图书馆CIP数据核字（2018）第042579号

责任编辑：王 斌 邹 宁　　　　　　　　装帧设计：骁毅文化

出版发行：化学工业出版社（北京市东城区青年湖南街13号　邮政编码100011）
印　　装：涿州市般润文化传播有限公司
710mm×1000mm　1/16　印张14　字数200千字　2024年2月北京第1版第6次印刷

购书咨询：010-64518888　　　　　　　售后服务：010-64518899
网　　址：http://www.cip.com.cn
凡购买本书，如有缺损质量问题，本社销售中心负责调换。

定　　价：68.00元　　　　　　　　　　　版权所有　违者必究

前 言
PREFACE

扫码下载全书 PPT 课件
或直接至以下地址下载
http://www.cip.com.cn/erweima/31676/0.html

软装是室内设计中非常重要的环节，不仅可以给居住者视觉上的美好享受，也可以让人感觉到温馨、舒适。一名优秀的软装设计师，一方面需要了解足够数量的软装饰品，在选择时才有可能找到适合设计主题的元素，保证设计主题所指引的最终效果能够实现；另一方面必须掌握熟练的搭配技巧，运用对色彩、质感和风格的整体把握和审美能力，将家具、灯饰、挂画等软装元素进行统一规划，通过软装配饰设计的不断调整完成整体空间设计效果。

本书由"理想·宅 Ideal Home"倾力打造，系统设置与家居中软装布置相关的 6 大章节，从对家居中的软装建立初步印象开始，到循序渐进地引导读者对软装布置进行分步骤解析，从不同类别的软装、不同家居空间中的软装运用、不同家居风格的软装塑造、不同季节软装的变化等方面进行细致讲解。

同时，本书兼具实用性与美观性的双重特点，在注重讲述软装基础理论的同时，还不忘实践操作。书中收录了 12 套不同风格的软装设计经典案例，以更加直观的方式帮助读者理解软装搭配的要点与技巧。

目录
CONTENTS

软装设计基础

第一章

室内装饰由两部分构成,即硬装修和软装饰。硬装修主要解决室内空间的结构划分、布局安排、基础铺设等问题;软装则起到美化室内空间的作用。了解软装,并适当培养软装的审美,可以有效提高居室空间的品位及格调。

扫码查看本章课件

一、认识软装

学习目标	本小节重点讲解软装的概念，以及和室内设计之间的关系。
学习重点	学会区分空间中的软装和硬装，了解软装为室内设计带来的优化作用。

1 软装的概念

在室内设计中，室内建筑设计可以称为"硬装设计"，而室内陈设艺术设计则被称为"软装设计"。

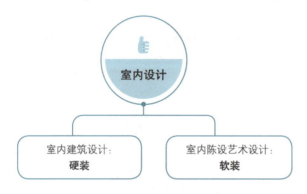

软装一词其实是近几年来行业内约定俗成的一种说法。其实，"软装"也可以叫作家居陈设，在某个空间内将家具陈设、家居配饰、家居软装饰等元素通过设计手法将所要表达的空间意境呈现在整个空间内，使空间得以满足人们的物质追求和精神追求。

链接

硬装和软装

硬装： 建筑结构延续到室内的一种空间规划设计，可以简单理解为一切室内不能移动的装饰工程。

软装： 可以理解为一切室内陈设的可以移动的装饰物品，包括家具、灯具、布艺织物、工艺品、装饰画等。

< 吊顶、水泥粉光地板不能移动，为"硬装"；沙发、装饰画、灯具可挪动或拆卸，为"软装"

2 软装与室内设计的关系

（1）软装与室内设计相辅相成

软装与室内设计是一种相辅相成关系。一般来说，室内设计主要包括空间设计、软装设计、色彩设计、材料设计和照明设计；而软装又包括了大量的色彩搭配、空间布置等内容。

软装在室内设计中的作用非常关键，是其不可分割的组成部分。两者之间有着很多共同点，如都要解决室内空间的形象设计，都关注室内家具、布艺、灯具、装饰等的挑选、搭配问题。

（2）软装与室内设计的异同点

两者之间的不同处在于，室内设计除了要关注上述问题之外，还要进行空间的物理环境研究，也就是说，室内设计不仅关注软装，同样也要考虑硬装设计，要对整体空间的关联性进行全局把握。

也就是说，软装是在室内设计的创意下，做进一步细致、具体的工作。软装设计是室内设计的后期工作，在不脱离室内设计整体规划的情况下，对空间设计做进一步的完善和深化，以体现出空间的文化层次，获得提升空间品位的效果。如果软装的品位不佳，不仅达不到室内设计的理想效果，还会降低整体设计的水准，令空间设计显得低档、俗气。

∧ 两个空间中的软装选用均简洁中不失品位，令整体空间的腔调十足

思考与巩固

1. 软装在室内设计中的表现有哪些？

2. 软装和室内设计是怎样的一种关系？相互之间有哪些差异化？

二、软装发展史

学习目标	本小节重点讲解软装的起源及发展历程。
学习重点	了解中西方的软装发展历程，以及之间存在的差异。

1 软装起源及西方软装发展历程

实际上，软装并不完全是近代的产物，人类的祖先很早以前就在居住的洞穴中用原始材料刻画出一些神秘的石崖画，用来装饰居住空间的环境。到了新石器时期，人类祖先学会了制造彩陶，以及在石骨上雕刻各种丰富的纹饰，不仅用来进行宗教祭祀，也用来装饰家居。

从欧洲文艺复兴时期到 18 世纪中叶，各式各样的艺术作品通常作为室内空间环境中不可分割的装饰部分。而到了 19 世纪中期，经过维多利亚时代直到上世纪末，软装设计的主要目的似乎就是为了在房间里装满各种各样的收藏品，如绘画、挂毯、雕塑、古旧家具等。

西班牙阿尔诺米拉石窟壁画

法国拉斯科洞窟壁画

彩陶制品

石骨装饰

2 软装在中国古代的发展历程

奴隶社会
系列化礼仪软装

汉代
象征性装饰图案

魏晋
文人书画艺术

唐代
观赏性提高

宋代
繁盛的装饰

明清
强烈的风格特色

通过研究中国软装艺术的发展过程，可以发现，早在奴隶社会的商代就已经出现成系列的礼仪化软装。由于经历了自发到自觉的过程，软装艺术表现出高逸的品格和特色。

到了汉代时期，由于升仙思想的弥漫，软装中也常常表现出象征性的装饰图案。

魏晋南北朝时期，随着儒家礼教的衰微，出现了专业的文人书画家，使得书画艺术迅速提高，也影响到了室内软装。这一时期，软装改变了程式化的作风，同时由于国力和文化的外延，软装艺术也变得意象万千。

初唐时期，对外文化交流更加频繁，装饰艺术受到西亚和中亚文化的影响，装饰纹样中的动植物纹样、造型变得具体而写实。发展到盛唐时期，政治开明，经济繁荣，软装的观赏性逐步增强，与当时华丽、丰艳的习气不谋而合。

宋代是中国艺术的成熟期，也是软装艺术发展到出神入化的时期，其装饰的繁盛与反映文人士大夫审美意趣的软装艺术发展不可分割。

宋代之后，直到明清，中国传统家居中的软装体现有了强烈的风格特色，也直接影响到后期传统中式风格的室内软装设计。

∧传统中式风格的家居中，家具、装饰画，以及青花装饰宝瓶，均能窥见明清时期的软装痕迹

3 现代软装艺术的形成

现代软装艺术起源于现代欧洲,从装饰派艺术 Art Deco 开始,兴起于 20 世纪 20 年代,之后,随着时代发展和设计的不断进步,历经 10 年,于 20 世纪 30 年代形成夺人眼目的装饰艺术。

Art Deco 从建筑演化到室内软装设计中,其图案主要呈几何形或由具象形式演化而成,并且材料丰富,除天然原料,如银、水晶石等,也有一些人造物质,如玻璃、金属等。装饰的典型主题为动物,尤其是鹿、羊等,体现出自然的启迪以及对美洲印第安人、埃及人和早期古典主义艺术的借鉴。

装饰艺术主义在第二次世界大战时不再流行,但从 20 世纪 60 年代后期重新引起了人们的注意,并得以复兴。在西方,软装艺术品一直作为建筑的有效使用和必要装饰条件来进行设计,而软装艺术设计则是近十几年在中国的室内设计界所提出的概念。

∧ 帝国大厦和克莱斯勒大楼是典型的 Art Deco 建筑,共同的特色是有着丰富的线条装饰与逐层退缩结构的轮廓

链接

"Art Deco"为艺术装饰风格,也被称为装饰艺术,发源于法国,兴盛于美国,是世界建筑史上的一个重要的风格流派。建筑主要用回纹饰曲线线条、金字塔造型等埃及元素装饰建筑的外立面,表达了当时高端阶层所追求的高贵感;而摩登的形体又赋予古老的、贵族的气质,代表的是一种复兴的城市精神。

∨ 动物图案的装饰画,以及金属灯具等装饰,体现出 Art Deco 在室内设计中的应用方式:既有感性的自然界优美线条,也不排斥机器时代的技术美感

4 中式传统软装和西方软装之间的差异化体现

　　中国传统室内软装重在表现空间的秩序性和连续关系，造型上含蓄、隽永，烘托出内韵深厚的空间序列；而西方软装重在表现空间的立体感和比例关系，造型夸张，强调了单元的空间个性，特别是法国宫廷艺术，如巴洛克、洛可可的软装空间，其造型十分夸张，每个空间的个性都十分强烈。

∧ 传统中式家居软装家具厚重，空间有强烈的秩序感

∧ 现代中式家居空间不乏秩序性，但更加简化，体现出软装的时代发展与变革

∧ 传统的洛可可风格奢靡浮华气息浓郁，室内软装选用的较为夸张

∧ 现代洛可可风格虽然做了一定的简化设计，但依然不改绮丽奢靡的风气

思考与巩固

　　1. 软装是什么时候出现的？最早的体现形式有哪些？

　　2. 软装在中国是如何发展的？每一时期有何特点？

　　3. 现代软装艺术的起源是什么时间？如何在室内设计中体现？

　　4. 中式软装和西方软装之间存在怎样的差异化？

三、软装的审美与联想

学习目标	本小节重点讲解软装的审美方向，以及日常软装审美的来源。
学习重点	了解软装的审美标准，及培养在日常生活中的审美发现。

1 软装的审美标准

软装设计是一门相对独立的艺术，同时又依附于室内环境的整体设计，不仅是对于室内空间的补充和升华，更是一种对环境艺术与人类精神不懈追求的完美诠释，可以对室内空间起到画龙点睛、提升品质、增强艺术表现力的作用。因此，软装设计要具备一定的审美性。

评价软装审美的格调，可以借用明清家具研究大师王世襄先生对家具的评价：

家具设计十六品

简练、淳朴、厚拙、凝重、雄伟、圆浑、沉穆、浓华、文绮、妍秀、劲挺、柔婉、空灵、玲珑、典雅、清新

家具设计八病

繁琐、赘复、臃肿、滞郁、纤巧、悖谬、失位、俚俗

这十六"品"和八"病"，对于品鉴明式家具的造型和艺术价值具有重要意义，同时对于室内软装的设计也有很好的指导意义。

＞软装布置简练、浓华、柔婉、空灵，给人视觉上的美感

2 软装的联想来源

通过研究软装的发展历程，可以发现，软装设计可以借鉴建筑中的设计手法。因此，软装具有着丰富的联想性，可以从绘画、自然、服装等生活和艺术的方方面面来提升软装设计的审美，最终得到高品位的空间设计。

从时装中汲取软装搭配的灵感

装饰画色彩来源于服装，生动、有活力　　　　　　橘色与黑色搭配具有复古、轻奢感

从自然中寻找软装搭配的灵感

家具材质源于自然，抱枕色彩则取自白桦　　　　　软装配色源于沙漠，也体现出异域感

从名画中提取软装搭配的灵感

软装配色来源于画作，氛围也相似地轻松　　　　　空间软装和画作色彩相似，主题皆有生机

思考与巩固

1. 软装审美的格调有哪些？可以对家居设计起到什么作用？

2. 软装审美的灵感来源有哪些？可以借鉴其哪些设计手法？

四、软装设计的作用

1 表现居室风格

室内环境风格按照不同的构成元素和文化底蕴，主要分为现代风格、中式风格、欧式风格、乡村风格、田园风格等。室内空间的整体风格除了靠前期的硬装来塑造之外，后期的软装布置也非常重要，因为软装配饰素材本身的造型、色彩、图案、质感均具有一定的风格特征，对室内环境风格可以起到更好的表现作用。

∧布艺和装饰画的题材体现出田园风格

2 营造居室氛围

软装设计在室内环境中具有较强的视觉感知度，因此对于渲染空间环境的气氛具有巨大作用。不同的软装设计可以营造不同的室内环境氛围，例如，欢快热烈的喜庆气氛、深沉凝重的庄严气氛、高雅清新的文化艺术气氛等。

＞清新、雅致的装饰品

3 组建居室色彩

在家居环境中，软装饰品占据的面积比较大。在很多空间里面，家具占的面积大多超过40%。其他如窗帘、床品、装饰画等软装的颜色，对整体房间的色调也会起到很大作用。

> 家具和布艺构成空间大面积配色

4 改变装饰效果

许多家庭在装修时总会大动干戈，不是砸墙改造，就是在墙面做各种复杂造型，既费力，又容易造成安全隐患；而且随着时间的推移、设计潮流的改变，一成不变的装修，会降低居住质量和生活品质。如果在家居设计时，少用硬装造型，而尽量多用软装饰家，不仅花费少、效果佳，还能减少日后翻新造成的资金浪费。

> 无硬装造型，后期更换软装便捷

5 改变居室风格

软装更改、替换简单，可以随心情和四季变化进行调整。如在夏天，将家里换上轻盈飘逸的冷色调窗帘、棉麻材质的沙发垫等，空间氛围立即清爽起来；冬天来临之际，则可以给家中换上暖色家居布艺，如随意在沙发摆放几个色彩鲜艳的靠垫，温暖气息扑面而来。

> 软装的色彩和图案符合夏日家居

思考与巩固

1. 软装可以对家居风格和氛围产生怎样的影响？

2. 相对于硬装改造，软装改造具备怎样的优势？

五、软装设计的原则

学习目标	本小节重点讲解软装设计的最佳时间和设计原则。
学习重点	了解软装设计时需要掌握的方法和原则。

1 先定风格，再做软装

在进行软装布置时，首先要先确定家居风格。一个空间的风格如同写作的提纲，对全局具有统筹作用。之后，再根据风格进行软装入场，这样才不会脱离主体，使整个空间的基调保持一致。

2 软装规划要趁早

软装搭配需要尽早规划，可以先了解业主家庭成员的习惯、喜好等，再结合空间的基本风格，定位软装的格调和色彩，避免后期软装更改浪费时间。

3 利用黄金比例

软装搭配的比例可以采用经典的黄金分割，即 1:0.618。例如，在一个长方形的条形桌上摆放装饰品，最好不要居中摆放，稍微偏左或偏右一些，可以达到较好的审美效果。墙面装饰画这类软装，一般多为居中悬挂，则可以通过造型和重复的手法来达到视觉变化。

﹥装饰品基本为对称排列，在右侧加入红色装饰瓶，带来视觉变化

4 遵循多样统一的原则

软装布置应遵循多样与统一的原则，根据大小、色彩、位置，使之与家居构成一个整体。家居要有统一的风格和格调，再通过饰品、摆件等细节点缀，进一步提升居住环境的品位。如，可以将米黄色系作为卧室主色调，但在床头背景墙上悬挂一幅绿色系装饰画作为整体色调中的变化；或者通过同一色系不同明度的变化，来丰富空间层次。

∧明度的不同的蓝色，既具有统一性，又不乏变化

5 确定视觉中心点

在居室装饰中，人的注意范围一定要有一个中心点，这样才能营造主次分明的层次美感，这个视觉中心就是布置上的重点，可打破全局的单调感。但视觉中心有一个即可，例如客厅已经选择一盏装饰性很强的吊灯，就无需再增添其他视觉中心，否则容易喧宾夺主。

➢空间中的装饰虽多，但装饰画的位置和体量，使其成为绝对的视觉中心

6 运用对比与调和方法

可以通过光线的明暗对比、色彩的冷暖对比、材料的质地对比、传统与现代的设计对比等手法使家居环境产生更多层次；调和则是将对比双方进行缓冲与融合的一种有效手段，例如暖色调的运用和柔和布艺的搭配。

思考与巩固

1. 软装在设计时，应该从什么时候开始入手？
2. 提升软装设计美感的方法有哪些？

∧色彩和材质的对比，增添丰富的视觉层次

六、 软装设计流程

学习目标	本小节重点讲解软装设计工作的流程步骤。
学习重点	了解软装设计每一环节需要做的工作及重点注意事项。

1 软装设计的大体流程

第2步

与业主进行沟通

通过家庭成员、空间动线、日常习惯、收藏爱好、宗教禁忌等各个方面与业主进行沟通，捕捉业主深层的需求特点，详细观察并了解硬装现场的色彩关系及色调，初步确定软装设计方案的整体方向。

第1步

完成室内尺寸测量

上门观察房子，了解硬装基础，测量各个空间的尺度，并拍摄屋内各个角落，同时收集硬装节点，绘出室内基本的平面图和立面图。

要点：在探讨的过程中，空间动线是平面布局（家具摆放）的关键。

要点：照片中尽量有尺度明显的参照物，便于未到现场的参与者判断空间尺度。首次测量的准确性对初步构思起着关键作用，不能草率。

第3步

软装设计方案初步构思

综合以上环节进行平面布置图的初步布局，把拍照后的素材进行归纳分析，初步选择软装配饰；然后根据软装设计方案的风格、色彩、质感和灯光等，选择适合的家具、灯饰、饰品、花艺、挂画等。

第4步

签订软装设计合同

与业主签订软装设计合同，尤其是定制家具部分，确定好价格和时间。确保厂家制作、发货时间和到货时间，以免影响进行室内软装的进场时间。

第5步

二次空间复尺

在软装设计方案初步成型后，软装设计师带着基本的构思框架到现场，对室内环境和软装设计方案初稿反复考量，感受现场的合理性，并再次核实饰品尺寸。

第6步

制订软装设计方案

在业主初步认可的方案上对配饰调整，明确各项软装的价格及组合效果，按照软装设计流程制作方案，出台正式设计方案。

第10步

进场前产品复查

软装设计师要在家具未上漆之前亲自到工厂验货，对材质、工艺进行初步验收和把关，在家具即将出厂或送到现场时，设计师要再次对现场空间进行复尺，确定家具和布艺的尺寸与现场相符合。

第11步

进场时安装摆放

配饰产品到场时，软装设计师应亲自参与摆放，对于软装整体配饰的组合摆放要充分考虑到各个元素之间的关系以及业主生活的习惯。

第12步

做好售后服务

软装配置完成后，应对业主室内的软装整体配饰进行保洁，并定期回访跟踪，如部分软装家具出现问题，应及时进行送修。

第9步

签订软装采买合同

与业主签订采买合同之前，需要先与软装配饰厂商核定价格及存货，再与业主确定配饰。

要点： 一般会按照家具、布艺、画品、饰品的顺序进行。

第8步

完善软装设计方案

在与业主进行完方案讲解后，深入分析业主对方案的理解，让业主了解软装方案的设计意图；同时，软装设计师也应针对业主反馈的意见对方案进行调整：包括色彩组合、风格定位等软装整体配饰里一系列元素调整以及价格调整。

要点： 务必把产品的材质、工艺、加工周期、送货时间等诸多事项与厂家约定清楚。一般情况下，配饰项目中的家具先确定并采购（30~45 天），第二是布艺和软装材料（10天），其他配饰品如需定制，也要考虑时间。

第7步

讲解软装设计方案

为业主系统全面地介绍软装设计方案，并在介绍过程中不断听取业主的反馈意见，并征求其他家庭成员的意见，以便下一步对方案进行归纳和修改。

2 软装方案实例解析

户型面积	96m²	居住人群	新婚夫妻
业主诉求	色彩靓丽，具有文艺气息	风格定位	北欧风格

根据业主需求制定软装方案

◎ 客厅软装方案

◎ 餐厅软装方案

◎ 主卧软装方案

◎ 儿童房软装方案

思考与巩固

1. 软装设计的流程总共分为多少步？

2. 在设计流程中，需要重点注意的事项有哪些？

室内软装分类

第二章

室内常见软装大致涵盖家具、布艺、灯饰、工艺品、装饰画、花艺、绿植七大类，每一大类还可以细分成不同种类。其中，家具、布艺和灯饰为实用性软装，可以为家居生活提供便利性；工艺品、装饰画、花艺、绿植为修饰性软装，主要用于美化空间环境。

扫码查看本章课件

一、实用性软装

学习目标	本小节重点讲解家具、布艺和灯具的分类。
学习重点	了解家具、布艺、灯具不同分类单品的特点及应用要点。

1 家具

家具是室内设计中的一个重要组成部分，是陈设中的主体。相对抽象的室内空间而言，家具陈设是具体生动的，形成了对室内空间的二次创造，起到了识别空间、塑造空间、优化空间的作用，进一步丰富了室内空间内容，具象化了空间形式。一个好的室内空间应该是环境协调统一的，家具与室内融为一体，不可分割。

家具常见种类一览表			
根据功能分类			
坐卧性家具	贮存性家具	凭倚性家具	陈列性家具
如椅、沙发、床等，满足人们日常的坐、卧需求；尺度要求细分	主要用来收藏、储存物品，包括衣柜、壁橱、书柜、电视柜等	人在坐时使用的餐桌、书桌等，及站立时使用的吧台等	包括博古架、书柜等；主要用于家居中一些工艺品、书籍的展示
根据风格分类			
现代家具	后现代家具	欧式古典家具	新古典家具
造型比较简洁、利索，体现出现代家居的实用理念	造型较个性，突破传统，给人造成视觉上的冲击力	造型复古而精美，雕花是其常用装饰，体现出奢华感	相较于欧式古典家具少了几分厚重，多了几分精致

家具常见种类一览表

根据风格分类

中式古典家具	新中式家具	北欧家具	日式家具
具有传统的古典美感，精雕细琢，体现出设计者的匠心	相比中式古典家具，线条更加简化，符合现代人生活习惯	线条简洁、造型流畅，符合人体工学，多为板材家具	具有禅意，较低矮，材质一般为竹、木、藤，体现自然气息
美式家具	田园家具	东南亚家具	地中海家具
形态厚重、线条粗犷，体现出自由、奔放的姿态	少不了布艺、碎花和格子，体现出清新而轻松的自然风情	以竹藤、木雕材质为主，体现出热带风情，给家居带来自然韵味	表现出海洋的清新感，其中船类造型经常用到

根据家居空间应用分类

客厅

双人沙发	三人沙发	转角沙发	单人沙发
小户型单独使用或做主沙发，2+1+1 组合；大户型做辅沙发，3+2+1 组合	小户型单独使用，大中户型适合用做主沙发，以 3+2+1 或 3+1+1 的形式组合使用	小户型中单独使用，或中、大户型作主沙发，以转角 +2 或转角 +1 的形式组合	作为沙发的辅助装饰性家具，大户型家居可成对出现，小户型最好使用一个

家具常见种类一览表			
根据家居空间应用分类			
客厅			
沙发椅	沙发凳	茶几	条几
作为辅助沙发，以3+1+沙发椅或2+1+沙发椅的形式组合使用，增加休闲感	作为点缀，使用于沙发组合中，可选择与沙发组不同颜色或花纹的款式，能够活跃整体氛围	可结合户型的面积以及沙发组的整体形状来具体选择使用方形还是长方形	沙发不靠墙摆放时，可用在沙发后面，或用在客厅过道中，用来摆放装饰品
角几	边柜	电视柜	组合柜
用于沙发组合的角落空隙中	用于客厅过道或侧墙，储物及摆放装饰品	摆放电视或者相关电器及装饰品	用于电视墙，通常包含电视柜及立式装饰柜
餐厅			
餐桌椅	角柜	餐边柜	酒柜
餐厅中主要定点家具，可根据餐厅面积、风格选择	三角造型，用于转角处，占地面积小，摆放装饰品或酒品	靠墙放置，可摆放装饰品，与装饰画墙组合效果更佳	适合有藏酒习惯的家庭，通常适用于大中户型

家具常见种类一览表

根据家居空间应用分类

卧室

床	床头柜	斗柜	衣柜
卧室中主要定点家具，大小及款式可根据卧室的面积来选择	用于床两侧，收纳及摆放台灯及物品，与床选择整套式的款式最佳	和床头柜的功能相似，装饰性更强，一般欧式、美式风格中常见	存放衣物，可买成品家具，也可定制，定制款式与家居空间吻合度更高
榻	床尾凳	梳妆台	衣帽架
适用于大面积卧室，摆放在床边做短暂休息之用	适用于大面积卧室，放置在床尾，用来更换衣物及装饰	适用于有女士的卧室中，大小根据卧室面积选择	体积小，可移动，可悬挂衣帽，特别适合衣柜小的卧室

书房

书桌椅	书柜	书架	休闲椅
书房主要家具，大小可根据书房面积及风格选择	体积较大，容纳量高，适合藏书丰富的家庭	体积比书柜小，更灵活，适合面积不大的书房	适用面积较大的书房，放在门口或窗边，用于待客交谈

2 布艺

布艺织物是室内装饰中常用的物品，能够柔化室内空间生硬的线条，赋予居室新的感觉和色彩，同时还能降低室内的噪声，减少回声，使人感到安静、舒心。其分类方式有很多，如按使用功能、空间、设计特色、加工工艺等。室内常用的布艺包括：窗帘、地毯等。

布艺常见种类一览表			
窗帘			
平开帘	罗马帘	卷帘	百叶帘
沿轨道轨迹或杆子做平行移动的窗帘，适用于客厅、卧室	在绳索牵引下作上下移动的窗帘，适合豪华风格的及大面积玻璃观景窗	随卷管卷动上下移动的窗帘，亮而不透；适合书房、卫浴等小面积空间	可180度调节的窗帘。遮光、透气，可水洗，适用于书房、卫浴、厨房
床上用品			
床品套件	被芯	枕芯	床垫
可根据季节更换，快速改变居室整体氛围	按材质可以分为棉、中空纤维、羊毛、蚕丝、羽绒	按材质可以分为乳胶、羽绒、决明子、荞麦皮等	可分为羊毛、珊瑚绒以及竹炭床垫等
地毯			
羊毛地毯	混纺地毯	化纤地毯	草织地毯
阻燃，不易老化褪色，脚感舒适	耐虫蛀，耐磨性更高，弹性好	耐磨性好，富有弹性，价格较低	乡土气息浓厚，适合夏季铺设

3 灯具

灯具在家居空间中不仅具有装饰作用，同时兼具照明的实用功能。灯具应讲究光、造型、色质、结构等总体形态效应，是构成家居空间效果的基础。造型各异的灯具，可以令家居环境呈现出不同的容貌，创造出与众不同的家居环境；而灯具散射出的灯光既可以创造气氛，又可以加强空间感和立体感，可谓是居室内最具有魅力的情调大师。

灯具常见种类一览表			
吊灯	吸顶灯	落地灯	壁灯
多用于卧室、餐厅、客厅。吊灯其最低点离地面不小于 2.2m	适合于客厅、卧室、厨房、卫浴等处；安装简易，款式简洁	一般放在沙发拐角处，灯光柔和；落地灯灯罩应离地面 1.8m 以上	适合卧室、卫浴照明；壁灯的安装高度，其灯泡应离地面不小于 1.8m
台灯	射灯	筒灯	浴霸灯
一般客厅、卧室用装饰台灯；工作台、学习台用节能护眼台灯	安装在吊顶四周、家具上部，或置于墙内；整体、局部采光均可	嵌装于吊顶内部；装设多盏筒灯，可增加空间柔和气氛	浴霸灯用于卫浴，既有照明效果，也可以达到保暖的作用

思考与巩固

1. 常见的家具分类方式有哪些？不同空间中的常用家具有哪些？

2. 窗帘的常见种类有哪些？分别有什么特点？

3. 灯具的种类有哪些？不同灯具的安装高度有何区别？

二、 修饰性软装

学习目标	本小节重点讲解装饰画、工艺品和花艺、绿植的分类。
学习重点	了解装饰画、工艺品、花艺、绿植不同分类单品的特点及应用要点。

1 装饰画

装饰画属于一种装饰艺术，给人带来视觉美感，愉悦心灵。同时，装饰画也是墙面装饰的点睛之笔，即使是白色的墙面，搭配几幅装饰画，即刻就可以变得生动起来。同一居室内最好选择同种风格的装饰画，也可以偶尔使用一两幅风格不同的装饰画做点缀，但需分清主次。

链接

装饰画属于居室中的墙面挂饰，除此之外，装饰镜、挂盘等也是设计时常见的墙面装饰，作用类似，皆有美化墙面的功能。

装饰画常见种类一览表			
中国画	油画	摄影作品	工艺画
适合与中式风格搭配，常见形式为横、竖、方、圆、扇形等	具有丰富的色彩变化及层次对比，特别适合欧式风格	根据画面色彩和主题，搭配不同风格画框，适用性广	用各种材料通过拼贴、镶嵌、彩绘等工艺制作，适用性广

墙面挂饰常见种类一览表			
装饰镜	挂毯	挂盘	工艺挂饰
常出现在欧式家居中，一般出现在壁炉和沙发背景墙	可以营造出休闲的空间氛围，在田园、北欧风格中较常见	生动、灵活，自然风格的餐厅墙面十分常见，也可用于客厅	品类丰富，常装点客厅、卧室背景墙，过道中可采用小型作品

2 工艺品

工艺品是通过手工或机器将原料或半成品加工而成的产品，是一组具有装饰价值艺术品的总称。工艺品来源于生活，又创造了高于生活的价值。在家居中运用工艺品进行装饰时，要注意不宜过多、过滥，只有摆放得当、恰到好处，才能拥有良好的装饰效果。

工艺品常见种类一览表			
金属工艺品	水晶工艺品	玻璃工艺品	陶瓷工艺品
金属或辅以其他材料制成；形式多样，各种风格均适用	玲珑剔透、高贵雅致，适合现代风格、简欧风格	晶莹通透、具有艺术感，最适合现代风格，其他风格均可	具有柔和、温润的质感，适合各种风格的居室
布艺工艺品	编织工艺品	木雕工艺品	树脂工艺品
柔软，可柔化室内空间线条，多见儿童房，或具有童趣的居室	具有天然、朴素、简练的艺术特色，适用于田园、东南亚风格	原料不同，色泽不一，适合中式及自然类风格	造型多样、形象逼真，广泛涉及人物、动物、花鸟、山水等

3 花艺

　　装饰花艺是指将剪切下来的植物的枝、叶、花、果作为素材，经过一定的技术（修剪、整枝、弯曲等）和艺术（构思、造型、配色等）加工，重新配置成一件精致完美、富有诗情画意、能再现自然美和生活美的花卉艺术品。花艺设计包含了雕塑、绘画等造型艺术的所有基本特征。

花艺装饰常见种类一览表	
东方花艺	西方花艺
以中国和日本为代表，着重表现自然姿态美，多采用浅、淡色彩，以优雅见长	也称欧式插花，色彩艳丽浓厚，花材种类多，注重几何构图，讲求浮沉的造型

链接

　　花卉与容器之间的色彩搭配主要可以从两方面进行：一是采用对比色组合；二是采用调和色组合。对比配色有明度对比、色相对比、冷暖对比等，可以增添居室的活力。运用调和色来处理花材与器皿的关系，能使人产生轻松、舒适感，方法是采用色相相同而深浅不同的颜色处理花与器的色彩关系，也可采用同类色和近似色。

∧ 对比色组合　　　　∧ 调和色组合

花器常见种类一览表			
陶瓷花器	编织花器	玻璃花器	金属类花器
种类多样，单一色彩适用于现代、简约家居；带有镀金、彩绘图案的花器适合欧式、田园风格	具有朴实的质感，与花材搭配，具有纯天然气息，适合田园、乡村风格，悬挂类编织花器十分适合阳台	透明玻璃花器干净、通透，北欧、田园风格中常见；彩色玻璃花器鲜艳、时尚，现代风格中常见	带有彩绘图案的铁皮花器适合乡村风格；反光的金属或黄铜花器适合现代、北欧等家居风格

4 绿植

绿植为绿色观叶植物的简称，因其耐阴性能强，可作为观赏植物在室内种植养护。选择绿植首先应考虑其摆放的位置和尺寸，然后结合喜阴或耐热等特性来确定摆放位置，而后考虑风格。如比较温馨或自然柔和的地中海风格，可随喜好选择各种绿植；但如果是色彩饱和度不高、偏灰色的装修风格，最好不要出现颜色十分艳丽或有绣球形状花朵的种类。

绿植常见种类一览表				
吸毒净化空气型	可吸收甲醛的植物	吊兰	虎尾兰	龟背竹
	可将二氧化硫转化为无毒或低毒性气体的植物	雏菊	牵牛花	石竹
	有效减少二氧化硫、氯、一氧化碳等有害物质的植物	铁树	菊花	山茶
增加湿度不上火型	在室内种植一些对水分有高度要求的绿植，会使室内湿度以自然的方式增加，成为天然加湿器	绿萝	常春藤	蕨类植物
天然吸尘型	有些植物其植株上的纤毛能截取并吸附空气中飘浮的微粒及烟尘，是室内天然的除尘器	红背桂	花叶芋	桂花树

绿植常见种类一览表			
杀菌消毒保健康型	可杀死白喉菌和痢疾菌等原生菌的植物	茉莉	柠檬	紫薇
	其散发的香味对结核菌、肺炎球菌、葡萄球菌的生长繁殖具有明显的抑制作用的植物	铃兰	紫罗兰	蔷薇
制造氧气和负离子型	通过光合作用释放氧气的植物，这类植物可养在卧室，令空气更清新	仙人掌	发财树	君子兰
驱逐蚊虫型	可驱蚊蝇、虫蚁，还可以净化空气的植物	驱蚊草	薰衣草	猪笼草

思考与巩固

1. 常见的装饰画分类方式有哪些？分别适合什么风格类型的家居？

2. 常见工艺品的材质有哪些？分别适合什么风格类型的家居？

3. 花艺与花器之间的色彩怎样搭配才和谐？

4. 绿植的常见分类有哪些？可以解决居室的哪些问题？

软装的美学设计

第三章

软装在家居空间中承载着一定的美学作用，合理运用软装进行家居装饰，可以营造出不同格调及品位的居室环境。决定家居软装布置成功与否的条件，主要包括其本身的色彩、图案及材质，这三种元素的和谐运用对软装的美学设计具有关键意义。

扫码查看本章课件

一、 色彩与软装设计

学习目标	本小节重点讲解色彩和软装的搭配关系。
学习重点	了解色彩属性、色彩角色在软装上的运用，掌握软装的色彩搭配形式，以及利用色彩调节不理想的软装搭配。

1 色彩属性在软装上的运用

　　色彩是空间中重要的美学表现元素，在软装设计时也非常关键。好的软装配色可以为居室带来舒适的视觉观感。在进行软装色彩设计前，首先要了解色彩的三个属性，即色相、纯度及明度。在为家居软装配色时，遵循色彩基本原理，使配色效果符合规律，才能够打动人心，而调整色彩任何一种属性，软装配色效果都会发生改变。

12 色相环

(1) 色相

　　色相指色彩所呈现出的相貌，是一种色彩区别于其他色彩最准确的标准，除了黑、白、灰三色，任何色彩都有色相。即便是同一类颜色，也能分为几种色相，如黄颜色可以分为中黄、土黄、柠檬黄等，灰颜色则可以分蓝灰、紫灰等。色相可以通过色相环来直观表现，常见的色相环分为 12 色和 24 色两种。在家居软装配色时，色相是最基础的表现手法，决定了整体空间的格调。

24 色相环

颜色次序的归纳

∧ 客厅软装由多种色相组合而成，如沙发的灰色、抱枕的蓝色、茶几的金色等，形成精致的空间格调

（2）明度

明度指色彩的明亮程度，明度越高的色彩越明亮，反之则越暗淡。白色是明度最高的色彩，黑色是明度最低的色彩。三原色中，明度最高的是黄色，蓝色明度最低。同一色相的色彩，添加白色越多明度越高，添加黑色越多明度越低。

∧ 空间其他色彩不变，改变座椅明度可以形成不同的空间氛围。白色座椅空间轻盈、柔和；黑色座椅空间稳重、有力量

布置实战解析

在进行软装配色时，明度差比较小的色彩互相搭配，可以塑造出优雅、稳定的室内氛围，让人感觉舒适、温馨；反之，明度差异较大的软装配色，会得到明快而富有活力的视觉效果。

（3）纯度

纯度指色彩的鲜艳程度，也叫饱和度、彩度或鲜度。纯色的纯度最高，无彩色纯度最低，高纯度的色彩无论加入白色还是黑色，纯度都会降低。纯度高的色彩给人鲜艳、活泼之感；纯度低的色彩有素雅、宁静之感。

✎ 链接

三原色与三间色

原始的构成原色是六种色彩，即三原色（红、黄、蓝）和三间色（橙、绿、紫）。在各色中间加插一两个中间色，其头尾色相，按光谱顺序为：红、橙红、黄橙、黄、黄绿、绿、绿蓝、蓝绿、蓝、蓝紫、紫。掌握了基本色调，对配色就可以基本掌握。

∧ 纯度差异小，干净、素雅

∧ 纯度差异大，活泼、热烈

2 家居软装色彩的搭配类型

软装配色设计时，通常会采用至少两到三种色彩进行搭配，这种使用色相组合的方式称为色相型配色。色相型不同，塑造的效果也不同。色彩较少的色相型用在家居软装配色中，能够塑造出平和的氛围；而开放型的色相型，色彩数量越多，塑造的氛围越自由、越活泼。

（1）同相型·类似型配色

完全采用统一色相的配色方式为同相型配色，用邻近的色彩配色称为类似型配色。两者都能给人稳重、平静的感觉，通常会在软装布艺织物的色彩上存在区别。

同相型

类似型

∧床品色彩为同相型配色，体现出稳定感，适合喜欢简约感的居住者

∧床品色彩为类似型配色，色相幅度有所增加，显得自然、舒适

（2）对决型·准对决型配色

对决型是指在色相环上位于180度相对位置上的色相组合，接近180度位置的色相组合就是准对决型。此两种配色方式色相差大，视觉冲击力强，可给人深刻的印象。通常可以用在主角色沙发和配角色单人座椅的配色之中，也可以用在床品之间的配色。

对决型·准对决型

∧沙发和抱枕，以及插花的色彩均为对决型，充满张力，给人带来视觉冲击

∧大面积布艺和背景色形成准对决型配色，活泼感和艺术化气息依然明显

（3）三角型·四角型配色

在色相环上，能够连线成为正三角形的三种色相进行组合为三角型配色，如红、黄、蓝；两组互补型或对比型配色组合为四角型。这种软装配色常搭配背景色出现。

三角型

四角型

∧ 纯度高的红、黄、蓝三原色构成三角型配色，轻松、活泼又兼具平衡感

∧ 家具和布艺形成四角型配色，色彩感觉更丰富、活跃

（4）全相型配色

在色相环上，没有冷暖偏颇地选取5~6种色相组成的配色为全相型，充满活力和节日气氛，是最开放的色相型。在空间软装配色中，全相型最多出现在沙发抱枕或餐具、挂画等软装上。

全相型

∧ 全相型配色将色彩自由组合在沙发、地毯等软装上，令客厅配色更具时尚气息

3 色彩四角色在家居软装中的表现

家居空间中的色彩，既体现在墙、地、顶，也体现在门窗、家具之上，同时，窗帘、饰品等软装的色彩也不容忽视。事实上，这些色彩具有着不同角色，在家居软装配色中，了解色彩的角色，合理区分，是成功配色的基础之一。

色彩的四种角色	
背景色：指占据空间中最大比例的色彩（占比60%），通常为家居中的墙面、地面、顶面、门窗、地毯等大面积的色彩，是决定空间整体配色印象的重要角色。	**主角色：**指居室内的主体物（占比20%），包括大件家具、装饰织物等构成视觉中心的物体，是配色的中心。
配角色：常陪衬于主角色（占比15%），视觉重要性和面积次于主角色。通常为小家具，如边几、床头柜等，使主角色更突出。	**点缀色：**指居室中最易变化的小面积色彩（占比5%），如工艺品、靠枕、装饰画等。点缀色通常颜色比较鲜艳，若追求平稳感，也可与背景色靠近。

(1) 背景色奠定空间基调

在同一空间中，家具的颜色不变，更换背景色，就能改变空间的整体色彩感觉。可以说，背景色是起到支配空间整体感觉的色彩，因此，在进行家居软装色彩设计时，先确定背景色可以使整体设计更明确一些。

∧背景色与主角色属于同一色相，色差小，整体给人稳重、低调感

∧背景色与主角色属于对比色，色差大，给人紧凑、有活力的感觉

（2）主角色构成中心点

　　主角色是空间软装的主要部分、视觉的中心，其色彩可引导整个空间的走向。不同空间的主角有所不同，因此主角色也不是绝对性的。例如，客厅中的主角色是沙发，而餐厅中的主角色可以是餐桌也可以是餐椅，而卧室中的主角色绝对是床。决定空间整体氛围后，主角色可以在划定的范围内选择相应色彩，其并不限定于一种，但不建议超过三种颜色。

∧客厅中沙发占据视觉中心和中等面积，是多数客厅空间的主角色

∧餐桌与背景色统一色彩，餐椅就是主角色，占据绝对突出的位置

∧卧室中，床是绝对的主角，具有无可替代的中心位置

（3）配角色映衬主角色

　　配角色的存在，是为了更好地映衬主角色，通常可以让空间显得更为生动，能够增添活力。两种角色搭配在一起，构成空间的"基本色"。配角色通常与主角色存在一些差异，如配角色与主角色呈现对比，显得主角色更为鲜明、突出；若与主角色临近，虽然空间显得整体性更强，但容易造成空间配色缺乏层次。

✖ 配角色与主角色相近，整体配色显得有些松弛

✔ 配角色与主角色存在明显的明度差，显得主角色鲜明、突出

（4）点缀色使空间更生动

点缀色通常是一个空间中的点睛之笔，用来打破配色的单调。在进行色彩选择时，通常选择与所依靠的主体具有对比感的色彩，来制造生动的视觉效果。若主体氛围足够活跃，为追求稳定感，点缀色也可与主体颜色相近。

∧ 靠垫的色彩艳丽，与沙发具有强烈的对比感，使空间氛围欢快

∧ 靠垫的与沙发的色彩差异小，塑造出清新、柔和的效果

4 不理想软装配色的调整方法

（1）突出主色

在进行软装配色时，明确主色能够让人产生安心的感觉。主色被恰当凸显，在视觉上才能够形成焦点。突出主色的方式有两种：一种是直接增强主色；另一种是在主色弱势的情况下，通过添加衬托色或削弱配色的方式来保证主色的绝对焦点优势。

提高纯度：此方式是使主角色变明确的最有效方式，当主角色变得鲜艳，在视觉中就会变得强势，自然会占据主体地位。

✗ 主角色沙发的纯度低，与背景色无区分，空间配色无层次

✓ 将沙发色彩调整为纯度较高的红色，具有吸睛作用

增强明度差：明度差就是色彩的明暗差距，色彩的明暗差距越大，视觉效果越强烈。如果客餐厅沙发或餐桌椅与背景色的明度差较小，可以通过增强明度差的方式，来使主角色的主体地位更加突出，令空间更具层次。

❌ 背景色和主角色沙发、配角色座椅的色彩明度均较高，软装配色无区分

✅ 背景色为明度最高的白色，主角色和配角色则用了明度略低的色彩，拉开了软装的层次

增强色相型：即增大主角色与背景色或配角色之间的色相差距，使主角色地位更突出。在所有色相型中，按照效果的强弱来排列，同相型最弱，全相型最强。

❌ 床品颜色和背景色均为蓝色，属于同相型配色，显得有些单调

✅ 在床品中加入黄色，与空间背景色形成互补型配色，带来开放感

增加点缀色：若不想对空间做大改变，可以为空间软装增加一些点缀色来明确其主体地位。这种方式对空间面积没有要求，大空间和小空间均适用，是最经济、迅速的一种改变方式。例如，客厅中的沙发颜色较朴素，与其他配色相比不够突出，则可以摆放几个彩色靠垫，通过增加点缀色来达到突出主角地位的目的。

❌ 空间大面积色彩为无色系，过于寡淡，没有视觉中心

✅ 将抱枕色彩调整成黄色，与插花形成色彩呼应，起到活跃视线的目的，也凸显了主角色

（2）色彩融合

如果觉得空间软装颜色搭配过于鲜明、混乱，看起来不统一，显得杂乱无章，可以通过靠近色彩的明度、色调以及添加类似或同类色等方式来进行整体融合。

靠近色彩的明度：在色彩数量相同的情况下，明度靠近的搭配比明度差大的搭配显得更加安稳、柔和。

❌ 空间色彩本身较艳丽，抱枕等软装再采用高明度色彩会显得配色过于刺激

✅ 降低抱枕色彩明度，虽然配色依然丰富，但却柔和很多

靠近色调：相同色调给人同样的感觉，例如淡雅色调柔和、甜美，浓色调沉稳、内敛等。因此，不管采用什么色相，只要采用相同色调进行搭配，就能够塑造柔和的视觉效果。

❌ 空间软装色调过多，没有一个系统型配色做支撑，搭配凌乱

✅ 窗帘、地毯等软装均为高纯度色调，但由于色调统一，不显杂乱

重复形成融合：当一种色彩单独用在一个位置与周围色彩没有联系时，就会给人很孤立、不融合的感觉。这时，可将这种色彩同时用在其他几个位置，重复出现，就能够互相呼应，形成整体感。

❌ 地毯上的色彩在空间中找不到呼应，装饰性大大减弱

✅ 利用家具和布艺色彩和地毯中的色彩形成呼应，丰富配色的同时，也凸显出装饰效果

思考与巩固

1. 色彩有哪3种属性？在软装上该如何体现？

2. 家居软装色彩的搭配类型有哪些？分别可以体现怎样的空间氛围？

3. 色彩的四角色在家居中该如何分配比例？

4. 如何利用配色调整不理想的软装搭配？

二、图案与软装设计

学习目标	本小节重点讲解图案在家居中的体现及对居室环境的影响。
学习重点	了解图案可以为空间带来怎样的调节作用，学会运用图案体现居室风格。

1 图案在家居中的体现及分类

图案的历史源远流长，早在原始社会，人类就开始使用富有浪漫想象的粗犷图案装饰自身及生存环境。如今，在室内装饰中，除了色彩，图案成为家居美学呈现的另外一个重要元素。图案不仅出现在墙、地、顶的界面装饰中，在软装领域更是常见其身影。

图案在室内空间中的常见分类：

布艺图案： 图案和布艺的结合最为紧密，可以柔化室内空间生硬的线条，赋予居室温馨格调。由于布艺在室内空间设计上所占面积较大，所以图案风格直接影响到室内总体风格。

装饰画图案： 装饰画作为墙面装饰的重要元素，其题材往往对于居室风格具有点睛作用。

壁纸图案： 壁纸作为室内空间中不可或缺的装饰，其图案的选择同样决定了空间风格的走向。

✖ 空间软装全部采用纯色，缺乏生动感

✔ 采用带有花纹的软装，令空间显得活跃

2 软装图案对空间设计的影响

（1）改善空间效果

图案可以通过自身的形状、大小、色彩和明暗来改善空间，通过带给人不同的心理感受来美化空间或者调节空间不足。

例如，色彩淡雅的碎花图案可以使空间界面往后退，适合狭窄的居室；而色彩对比强烈的夸张图案可以使空间向前跳跃，可调节居室的空旷感。再如，繁复的纹饰可以填满空间，造成视觉上的丰满感，使空间缩小，这也是一些超大户型爱用欧式花纹壁纸的一个关键因素；而在一些小户型中，则应尽量选择清爽、淡雅的图案设计，可令居室显得整洁、干净。

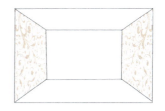

繁复花纹适合空旷空间及大户型

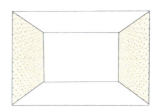

小碎花图案适合狭窄户型及小户型

∧床品的白雪公主图案可增添童趣

（2）柔化空间感觉

软装图案在一定程度上可以有效柔化空间。例如，现代极简空间黑白灰色彩居多，线条简洁、流畅，虽然利落，但容易显得刻板、生硬，不妨在软装中加入色彩鲜艳的抽象几何图案，用以增加生活气息。再如，儿童房中多用一些可爱的卡通图案，可以带来活泼、热闹的感觉。

＜布艺和装饰画运用抽象图案，生动了空间

（3）表现特定环境氛围

运用不同的装饰图案语言可以强化、渲染不同的空间氛围。如在田园风格中，可以选择典雅、细腻的小碎花图案，衬托田园风格的浪漫、雅致；在传统中式风格中，可以选择含蓄吉祥的象征图案，突出中式的简朴、浑厚和意蕴深长；而在欧式风格中，可以选择洛可可和巴洛克图案，表达欧式的华美、典雅。

< 自然界中的碎花常作为田园家居的软装图案，可以凸显浪漫、唯美气息

< 水墨山水图案常作为装饰画运用在中式风格中，也可适当变形，如左图中墙面工艺装饰，极具艺术效果

< 洛可可纹饰繁复华丽，用在欧式家居中，可凸显风格特征

（4）调节室内环境色调

　　软装图案设计可以有效协调空间的整体统一性，这是因为在室内设计中，图案设计往往占有较大分量，因此成为构成室内环境色调的重要因素。例如，空间中大量的布艺可以统一色调，但用图案作为不同空间的区分，协调中有变化，给空间带来视觉上的丰富感。另外，如果空间的色彩过于艳丽，也可以增加一些灰色系的图案来压制，避免环境色彩产生刺激感。

　　在不同的室内空间，同样可以利用色彩和图案相结合的方式体现空间功能。如客厅、餐厅中，可以选择一些暖色调图案增加温馨的气氛，而在卧室、卫浴中，则最好选择一些冷色调的图案来体现安静氛围。

∧ 客厅、卧室窗帘均为波点白色纱帘，为突出统一中的变化性，卧室多加了一层同系列遮光帘

（5）体现文化内涵与表达主题

　　一个好的室内空间设计往往承载着一定的文化内涵或者具有主题性，利用图案可以达成此种诉求。比如，想要表达空间的灵性、唯美，可以将蝴蝶图案贯穿在居室的软装设计中；要体现空间的雅致、文化韵味，则可以选择带有书法图案的布艺沙发或是装饰画。

∧ 将蒲公英图案运用在餐厅壁画和卧室装饰镜中，凸显自由、自然的空间主题

思考与巩固

1. 图案在家居空间中有哪些体现？具有怎样的作用？

2. 如何利用图案营造居室风格？不同的家居空间对于图案有哪些不同的诉求？

三、材质与软装的关系

学习目标	本小节重点讲解材质在家居中的体现及对居室环境的影响。
学习重点	了解材质可以为空间带来怎样的调节作用，学会运用材质体现居室风格。

1 家居中常见的软装材质

在进行家居软装设计中，材质也是不容忽视的美学元素，不同类型的材质可以带来不同的视感及触感，最终影响到整体空间的风格及氛围表现。

软装材质按照制作工艺可以分为自然材质和人工材质：

自然材质： 非人工合成的材质，例如木头、藤、麻等。此类材质的色彩较细腻、丰富，单一材料就有较丰富的层次感，多为朴素、淡雅的色彩，缺乏艳丽的色彩。

人工材质： 由人工合成的瓷砖、玻璃、金属等。此类材料对比自然材质，色彩更鲜艳，但层次感单薄。优点是无论何种色彩都可以得到满足。

自然材质

人工材质

∧ 大多数家居中的软装饰，都融合了自然材质与人工材质，以取得丰富的视觉效果

软装材质按照给人的视觉感受，还可以分为冷材质、暖材质和中性材质：

暖材质：织物、皮毛材料具有保温的效果，比起玻璃、金属等材料，使人感觉温暖，为暖材料。即使是冷色，当以暖材质呈现出来时，清凉的感觉也会有所降低。

>织物、地毯等有保温效果，为暖材质

冷材质：玻璃、金属等给人冰冷的感觉，为冷材料。即使是暖色相附着在冷材料上，也会让人觉得有些冷感，例如同为红色的玻璃和陶瓷，前者就会比后者感觉冷硬一些。

>玻璃、金属等有冰冷感，为冷材质

中性材质：木质、藤等材料冷暖特征不明显，给人的感觉比较中性，为中性材料。采用这类材料时，即使是采用冷色相，也不会让人有丝毫寒冷的感觉。

>藤、木材介于冷暖之间，为中性材质

∧蓝色以布艺沙发呈现时，冷感有所降低；橙色以布艺沙发呈现时，暖度有所增加

∧空间中采用暖色的中性材质木料居多，可以使氛围更温馨、温暖

2 软装材质对空间设计的影响

(1) 决定居室风格走向

软装材质有自然、人工之分，也有冷、暖的体现，这些因素在一定程度上决定了居室风格的走向。比如人工材质和冷材质适合现代风格、工业风格，可以很好地凸显时代特征，给人都市感和时尚感；而自然材质、暖材质，以及中性材质则适合体现自然感的风格，如田园风格、东南亚风格等。

∧ 现代风格、工业风格的居室适合摆放较多人工材质和冷材质的软装

＞田园风格、东南亚风格的居室适合摆放较多自然材质、暖材质和中性材质的软装

(2) 软装材质可以体现季节特征

软装材质还可以体现一定的季节性，例如，春天、夏天可以选择一些清爽的冷材质软装，而秋天、冬天则可以选择暖材质的软装。根据季节更换不同材质的软装，可以为居室带来变化，增添生活的乐趣。

∧ 春季可以选择人工材质的软装，如玻璃花器，体现通透感

∧ 夏季可以选择冷色调及人工材质的软装，体现清凉感

∧ 秋季软装可以选择暖色系的自然材质

∧ 冬季可多选择些织物，暖材质能够增添温暖感

思考与巩固

1. 材质在家居软装中有哪些分类？具有怎样的作用？

2. 如何利用材质营造居室风格？不同的家居空间对于软装材质有哪些不同的诉求？

软装元素的空间运用 第四章

室内空间的"硬装"是装饰的载体，软装饰在硬环境的基础上进行，其主要目的是运用软装饰艺术思维和技术手段来美化空间环境，根据空间环境进行有效优化和搭配，促进居住的舒适感和环境的美化。

扫码查看本章课件

一、家具与空间布置

学习目标	本小节重点讲解家具在家居空间中的布置要点。
学习重点	重点学习家具在不同家居空间中的摆放形式。

1 家具在空间中的布置要点

（1）家具的比例尺度要与整体室内环境协调统一

　　选择或设计室内家具时，要根据室内空间的大小决定家具的体量大小，可参考室内净高、门窗、窗台线、墙裙等。如在大空间选择小体量家具，显得空荡且小气；而在小空间中布局大体量家具，则显得拥挤和阻塞。

◁小空间家具体量应小巧

◁空间面积充裕的家居可摆放厚重家具

（2）家具的风格要与室内装饰设计的风格相一致

室内设计风格的表现，除了界面的装饰设计外，家具的形式对室内整体风格的体现具有重要的作用。对家具的风格的正确选择有利于突出整体室内空间的气氛与格调。

∧皮沙发及圆润的扶手造型是欧式家具的典型特征

（3）家具的数量由不同性质的空间和空间面积大小决定

家具数量的选择要考虑空间的容纳人数、人们的活动要求以及空间的舒适性。要分清主体家具和从属家具，使其相互配合，主次分明。例如，卧室中床为主体家具，而大衣柜、床头柜则可根据空间大小来决定选择与否。

∧卧室面积有限，家具造型多简约、小巧

∧卧室空间充裕，可以靠墙摆放大衣柜

（4）家具布置的动线要合理

居室中，家具的空间布局必须合理。摆放家具要考虑室内人流路线，使人的出入活动快捷方便，不能曲折迂回，更不能造成使用家具的不方便。摆放时，还要考虑采光、通风等因素，不要影响光线的照入和空气流通。例如，床要放在光线较弱处，大衣柜应避免靠近窗户，以免产生大面积的阴影；门的正面应放置较低矮的家具，以免产生压抑感。

布置实战解析

家具设计是在室内空间的墙、地、吊顶确定后，或在界面的装修过程中完成，如书柜、衣橱、酒柜等，或选购成品家具布置在室内，成为整个室内空间环境功能的主要构成要素和体现者。家具的重要作用还体现在所占空间的面积。据调查，一般使用的房间，家具占总面积的35%～40%，在家庭住宅的小居室中，占房面积可达到55%～60%。

∧阳台门的前方家具低矮，不会形成视觉压抑感

2 不同家居空间的家具摆放

(1) 客厅

客厅是日常生活中使用较为频繁的空间，集会客、休闲功能于一身。客厅中的家具既要满足功能性，又要体现居住者的个性，同时还不能违背空间的整体风格特征。因此，在购买时，最好选择心仪的配套家具，以达到家具的大小、颜色、风格和谐统一。

① 常见客厅家具的摆放形式

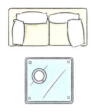

沙发 + 茶几

适用空间：小面积客厅

适用装修档次：经济型装修

适用居住人群：新婚夫妇

◎ 要点：家具元素比较简单，可以在款式选择上多花点心思，别致、独特的造型能给小客厅带来视觉变化

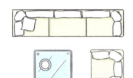

三人沙发 + 茶几 + 单体座椅

适用空间：小面积客厅、大面积客厅均可

适用装修档次：经济型装修、中等装修

适用居住人群：新婚夫妇、三口之家

◎ 要点：可以打破空间简单格局，也能满足更多人的使用需要；茶几形状最好为正方形款式

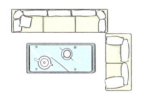

L 形摆法

适用空间：大面积客厅

适用装修档次：经济装修、中等装修、豪华装修

适用居住人群：新婚夫妇、三口之家 / 二胎家庭、三代同堂

◎ 要点：最常见的客厅家具摆放形式，组合变化多样，可按需选择

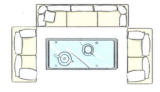

围坐式摆法

适用空间：大面积客厅

适用装修档次：中等装修、豪华装修

适用居住人群：新婚夫妇、三口之家 / 二胎家庭、三代同堂

◎ 要点：能形成聚集、围合的感觉；茶几最好选择长方形

对坐式摆法

适用空间：小面积客厅、大面积客厅均可

适用装修档次：经济装修、中等装修

适用居住人群：新婚夫妇、三口之家 / 二胎家庭

◎ 要点：面积大小不同的客厅，只需变化沙发的大小就可以了

② 客厅家具之间的合理尺寸

① 沙发靠墙摆放宽度最好
占墙面的 1/2 或 1/3

② 高度不超过墙面高度的
1/2，太高或太低会造成视
觉不平衡

③ 沙发深度建议在 85~
95cm 以内

④ 沙发两旁最好各留出
50cm 的宽度来摆放边桌或
边柜

∧ 沙发在客厅中合理摆放的尺寸

① 茶几跟主沙发之间要保
留 30~45cm 的距离（45cm
距离最舒适）

② 茶几高度最好与沙发被
坐时一样高，大约为 40cm

③ 视听距离≈电视画面高
度 ×3

例如：

32 寸液晶电视视听距离约
为 1.2m

37 寸液晶电视视听距离约
为 1.38m

∧ 沙发、茶几和电视柜的合理尺寸

布置实战解析

　　空间面积较大的客厅可以选择较大的家具，数量也可适当增加一些。家具太少，容易造成室内空荡荡的感觉。而空间面积较小的客厅，则应选择一些精致、轻巧的家具。家具太多太大，会使人产生一种窒息感与压迫感。

（2）餐厅

　　餐厅是家庭中就餐的场所。餐厅家具可以直接影响人的食欲，因此，需要更加精心地选择搭配。餐厅中的家具除了餐桌和餐椅外，还应该备有用于储物的柜子。与客厅不同的是，餐厅通常面积有限，因此在家具款式及材质的选择上尽量与整体环境的格调一致，特别是小户型中的餐厅，最忌讳东拼西凑。

① 常见餐厅家具的摆放形式

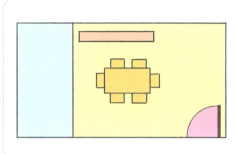

独立式餐厅

　　◎ 餐桌、椅、柜的摆放与布置须与餐厅的空间相结合

　　◎ 方形和圆形餐厅，可选用圆形或方形餐桌，居中放置

　　◎ 狭长餐厅可在靠墙或窗一边放一个长餐桌，桌子另一侧摆上椅子，空间会显得大一些

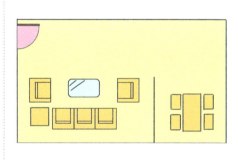

一体式 餐厅 – 客厅

　　◎餐厅和客厅之间可用家具、屏风、植物等做隔断，或只做一些材质和颜色上的处理，总体要注意两个空间协调统一

　　◎ 此类餐厅面积不大，餐桌椅一般贴靠隔断布局，灯光和色彩可相对独立

　　◎ 除餐桌椅外，家具较少，规划时应考虑到多功能使用性

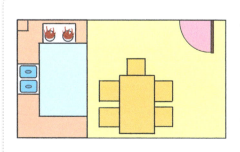

一体式 餐厅 – 厨房

　　◎ 这种布局使上菜快捷方便，能充分利用空间

　　◎ 烹调不能破坏进餐的气氛，就餐也不能使烹调变得不方便

　　◎ 两者之间需要有合适隔断，或控制好两者的空间距离

　　◎ 餐厅应设有集中照明灯具

② 餐厅家具之间的合理尺寸

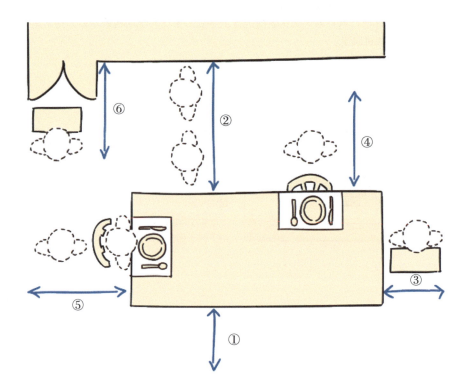

① 单人经过的通道宽度为 60cm（侧身通过为 45cm）

② 两人擦肩而过的宽度为 110cm

③ 人拿着物体通过的宽度为 65cm

④ 就座时所需的宽度为 80cm

⑤ 坐在椅子上同时背后有人经过的宽度为 95cm

⑥ 打开餐边柜取物品的宽度为 80cm

布置实战解析

如果餐厅的面积有限，没有多余空间摆放餐边柜，则可以考虑利用墙体来打造收纳柜，充分利用了家中的立面空间。需要注意的是，制作墙体收纳柜时，一定要听从专业人士的建议，不要随意拆改承重墙。

（3）卧室

卧室是家居空间中私密性最强的，也是限制最小、最为个性的地方，需要营造良好的睡眠环境，使人感觉温馨、舒适。家具的布置除了满足睡眠的需求，还应具备一定的储物功能。另外，需要注意的是，卧室家具色彩不宜过多，忌花里胡哨，从而影响睡眠质量。

① 常见卧室家具的摆放形式

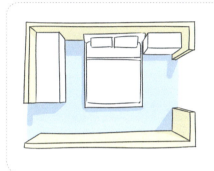

横向卧室

◎ 床头不要对窗，衣柜宜摆放在有门的一侧

◎ 梳妆台最好摆放在靠窗的一侧，并以不遮挡光线为宜

竖向卧室

◎ 衣柜与床的摆放方式与横向空间相同

◎ 床摆放时需注意不要直接对门

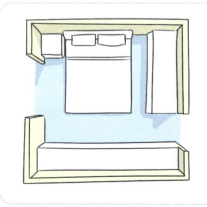

正方形卧室

◎ 若空间较大，可将衣柜摆放在床的正前方

◎ 可以利用零碎空间摆放床头柜，增加收纳

② 常见睡床、衣柜的预留尺寸

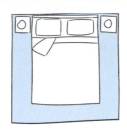

主卧、客卧、老人房睡床预留尺寸

◎ 床侧留有空间，方便上下床；也可以摆放床头柜，方便收纳，预留距离为 40~50cm

◎ 床尾距墙面要预留一定空间，方便行走，预留距离为 50~60cm

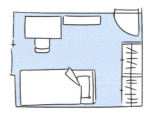

儿童房 1（一个孩子）睡床预留尺寸

◎ 只在睡床一侧预留出空间即可方便行走，预留距离为 40~50cm

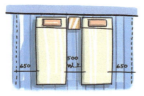

儿童房 2（两个孩子）睡床预留尺寸

◎ 两张睡床之间至少要留出 50cm 的距离，方便两人行走

衣柜预留尺寸

◎ 衣柜的深度一般为 60cm，放取衣物时要为衣柜门或拉出的抽屉留出一定的空间

◎ 人在站立时，拿取衣物大致需要 60cm 的空间

◎ 有抽屉的衣柜则最好预留出 90cm 的空间

布置实战解析

确定卧室床的摆放位置及方向时，一定要注意床头不宜靠门或直对门。床头对门，容易让人一览无遗，这会让睡者没有安全感，影响休息质量。如果确实无法避免床与房门相冲，则可用屏风来隔断。

（4）书房

书房是用来学习、阅读以及办公的地方，家具布置要求简洁、明净，摆放位置要充分利用自然光源，建议将书桌和经常看书坐的椅子放置在靠近窗户的位置。具体说来，当使用者坐在书桌前时，自然光源是从左边或正前面来的，尽量避免右边光源和逆向光源。

常见书房家具的摆放形式

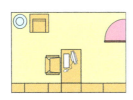

T 形

◎ 将书柜布满整个墙面，书柜中部延伸出书桌，且书桌与另一面墙之间保持一定距离，成为通道
◎ 适合于藏书较多、开间较窄的书房

L 形

◎ 书桌靠窗放置，书柜放在边侧墙处
◎ 方便书籍取阅，同时中间预留的空间较大，人在其中行动更方便

并列式

◎ 墙面满铺书柜，作为书桌后的背景
◎ 侧墙开窗，使自然光线均匀投射到书桌上，采光性强，但取书时需转身，也可使用转椅

思考与巩固

1. 在居室布置中，家具摆放应注意哪些问题？
2. 客厅沙发和茶几之间的布置方式有哪些？分别适合什么家庭？
3. 不同家居空间家具与家具之间的预留尺寸分别是多少？

二、布艺与空间装饰

学习目标	本小节重点讲解布艺在家居空间中的装饰功能与设计原则。
学习重点	重点学习不同家居空间中的布艺搭配手法。

1 布艺的装饰功能

（1）布艺可以柔化居室线条

在对居室空间进行装修时，首先主要是墙面、地面、顶面的处理，这些都给人一种冷硬的感觉。而在后期软装设计中，布艺能够起到很大的作用。由于其本身柔软的质感，可以为空间注入一丝温暖的氛围，丰富空间层次。

（2）布艺可以体现居室风格

布艺本身的质感和材质，很容易体现各种不同的家居风格，从现代到古典，从简约到奢华，布艺都能够轻松体现出来。运用时，可以根据空间的风格进行选择，从而加强对风格的体现。

∧ 布艺可以柔化空间的线条

∧ 图案夸张的布艺抱枕，可体现出现代风格

2 布艺在空间中的设计原则

（1）要与整体风格形成呼应

　　布艺选择首先要与室内装饰格调相统一，主要体现在色彩、质地和图案上。例如，色彩浓重、花纹繁复的布艺虽然表现力强，但不好搭配，较适合豪华的居室；浅色、简洁图案的布艺，则可以衬托现代感的居室；带有中式传统图案的布艺，更适合中式风格的空间。

（2）布艺选择应以家具为参照

　　一般来说，家具色调很大程度上决定着整体居室的色调。因此，选择布艺色彩最省事儿的做法为以家具为基本的参照标杆，执行的原则可以是：窗帘色彩参照家具、地毯色彩参照窗帘、床品色彩参照地毯、小饰品色彩参照床品。

∧布艺色彩与室内整体风格相匹配

∧窗帘的色彩来源于家具

（3）布艺选择应与空间使用功能统一

　　布艺在面料质地上，尽应可能选择相同或相近元素，避免材质杂乱。布艺选用最主要的原则是要与使用功能相统一，如装饰客厅可以选择华丽、优美的面料，装饰卧室则应选择流畅柔和的面料。

∧客厅布艺体现美观性

∧卧室布艺体现舒适性

（4）不同布艺之间应和谐搭配

窗帘、地毯、桌布、床品等布艺应与室内地面、家具尺寸相和谐，力求在视觉上达到平衡的同时，给予触觉享受。例如，地面布艺多采用稍深颜色，桌布和床品应反映出与地面的大小和色彩的对比，元素尽量在地毯中选择。其中，采用低于地面的色彩和明度的花纹来取得和谐是不错的方法。

3 不同家居空间的布艺选择

（1）客厅布艺

① 窗帘

客厅窗帘要与房间整体、家具、地板颜色相和谐，一般窗帘色彩要深于墙面。窗帘质地的选择上，薄型织物的薄棉布、尼龙绸、薄罗纱、网眼布等，非常适合客厅。不仅能透过一定程度的自然光线，同时又可以令白天的室内有一种隐秘感和安全感。也可以根据家居风格来选择。例如，想营造自然、清爽的家居环境，可选择轻柔的布质类面料；想营造雍容、华丽的居家氛围，可选用柔滑的丝质面料。

∧ 客厅窗帘色彩深于墙面，色彩来源于沙发

② 地毯

客厅是走动最频繁的地方，因此，选择地毯时，除了美观度之外，最好考虑耐磨、耐脏等性能。地毯花形最好按照家具的款式来配套；如不好确定，可以选择花型较大、线条流畅的地毯图案，能营造开阔的视觉效果。

布置实战解析

小面积客厅的地毯不宜过大，面积比茶几稍大就可以，这样的空间氛围会显得精致。如果客厅面积较大，在 20m^2 以上，地毯不宜小于 170cm×240cm。地毯可以放在沙发和茶几下，使空间更加整体大气。

大客厅　　　　　　　　　　　　　　小客厅

③ 抱枕

客厅抱枕的色彩可以根据家居主色彩选择。例如，若客厅色彩丰富，选择抱枕时最好采用风格比较统一、简洁明了的颜色和风格，这样不会使室内环境显得杂乱。若客厅色调单一，沙发抱枕则可以选用一些撞击性强的对比色，这样能活跃氛围，丰富空间的视觉层次。

3+1 不对称法　　　　　　　　　　对称法

远大近小法　　　　　　　　　　　里大外小法

∧ 常见的抱枕摆放方式

（2）餐厅布艺

① 窗帘

餐厅窗帘的宽度尺寸一般以两侧比窗户各宽出 10cm 左右为宜。底部应视窗帘式样而定，短式窗帘也应长于窗台底线 20cm 左右；落地窗帘一般应距地面 2~3cm。在样式方面，一般小餐厅窗帘宜简洁，以免使空间因为窗帘的繁杂而显得更为窄小。而对于大餐厅，则宜采用大方、气派、精致的样式。

∧ 大餐厅窗帘款式大气　　　　∧ 小餐厅窗帘款式简洁

② 桌布、椅套

桌布和椅套的选择要注意与餐厅整体大环境相协调。例如，田园风格的餐厅，桌布、椅套的图案应以碎花、格子为主；现代风格的餐厅，桌布、椅套则可以用纯色或条纹。整体来说，餐厅桌布、椅套的图案不要过于繁琐，避免喧宾夺主。

＞亮色的桌布成为餐厅中的视觉焦点

③ 地毯

餐厅地毯的颜色应以空间整体色彩为依据，一般深色较好，太绚丽会影响食欲；而且就餐时，常会有水溅在地毯上，若颜色过浅，清洗起来会很麻烦。

＞餐厅地毯色彩与木色地板及餐桌属同色系，温暖、质朴

（3）卧室布艺

① 窗帘

卧室窗帘以窗纱配布帘的双层面料组合为多，不仅隔音，而且遮光效果好。同时，色彩丰富的窗纱会将窗帘映衬得更加柔美、温馨。此外，还可以选择遮光布，其良好的遮光效果可以令家人拥有一个绝佳的睡眠环境。

∨ 双层窗帘可以给卧室带来较好遮光性

② 地毯

卧室地毯一般放在门口或者睡床一侧，大小以小尺寸的地毯或是脚垫为佳。色彩上，可以将卧室中几种主要色调作为地毯颜色的构成要素。此外，地毯的质地十分重要，卧室相对客厅等空间，不太注重地毯的耐磨性，应尽量选择一些天然材质的地毯，脚感舒适，且在干燥季节不会产生静电，体现高品质的生活。

< 地毯材质舒适，色彩来源于床头及抱枕

③ 床品

床品是卧室的主角，其选择决定了卧室的基调。无论哪种风格的卧室，床品都要注意与家具、墙面花色相统一。另外，除了满足美观要求外，卧室床品更注重舒适度。舒适度主要取决于采用的面料。好的面料应该兼具高撕裂强度、耐磨性、吸湿性和良好的手感。另外，缩水率应该控制在 1% 之内。

< 床品的色彩与窗帘、装饰挂盘属同一系列；黄色毛巾毯与花艺色彩吻合，有效提亮空间

064

（4）书房布艺

① 窗帘

书房窗帘在颜色上应避免花哨，以防降低工作、学习效率。另外，色彩过于艳丽的窗帘还会给人眼花缭乱的感觉。书房适宜木质百叶帘、素色纱帘以及隔声帘。

∨纱帘十分素雅，吻合书房气质

② 地毯

由于书房的色彩多为明亮的无彩色或灰棕色等中性颜色。为了得到一个统一的情调，一般地面颜色较深，地毯也应选择一些亮度较低、彩度较高的色彩。

＞黑白色菱形格地毯具有稳定空间的作用

思考与巩固

1. 布艺在家居空间中具有怎样的装饰效果？

2. 在设计家居布艺时需要注意哪些问题？

3. 客厅中的常见布艺有哪些？分别该如何搭配？

三、灯具与空间照明

学习目标	本小节重点讲解空间照明的设计方式，及灯具的选择运用原则。
学习重点	了解室内照明的设计原则，重点学习不同空间的室内照明形式。

1 室内灯具的设计原则

（1）室内灯具的设计原则

　　灯具选择必须考虑家居风格、墙面色泽以及家具色彩等因素。如果灯具与居室的整体风格不一致，则会弄巧成拙。如家居为简约风格，就不适合繁复华丽的水晶吊灯；或者室内壁纸色彩为浅色系，理当以暖色调的灯光为光源，可营造出明亮、柔和的光环境。

∧空间吊顶较高，适合大型吊灯

（2）灯具大小要结合室内面积

　　家居装饰灯具需根据室内面积来选择。如 12m² 以下的居室宜采用直径为 20cm 以下的吸顶灯或壁灯，灯具数量、大小应配合适宜，以免显得过于拥挤；15m² 左右的居室应采用直径为 30cm 左右的吸顶灯或多叉花饰吊灯，灯具直径最大不得超过 40cm。20m² 以上的居室，灯具的尺寸一般不超过 50cm×50cm 即可。

2 利用灯光改善居住环境的方式

（1）利用灯光将小空间变宽敞的方法

　　较小的空间应尽量把灯具藏进吊顶，利用光线来强调墙面和吊顶，会使小空间变大。另外，若用灯光强调浅色墙面，会在视觉上延展一个墙面，从而使较狭窄的空间显得较宽敞。而用向上的灯光照在浅色表面上，则会使较低的空间显高。

（2）利用灯光令大空间具有私密性的方法

　　若想使大空间获得私密感，可利用朦胧灯光的照射，使四周墙面变暗；也可使吊灯灯光向下投射，使较高的空间显低，获得私密性。若空间墙面为深色，可将射灯光源集中照射在空间中的装饰品上，会减少空间的宽敞感。

∧ 射灯光线照射在墙面上，具有放大空间的作用　　　∧ 大型水晶灯的光源向下投射，可在视觉上降低层高

3 不同家居空间的照明设计

(1) 客厅照明

聚光灯和轨道灯属于直接照明，可以作为客厅的主要光源。另外，可以在茶几上方设置主要照明，用来点出客厅的中心，边几位置可以放置台灯，而单椅上方则可以利用聚光灯来方便阅读。

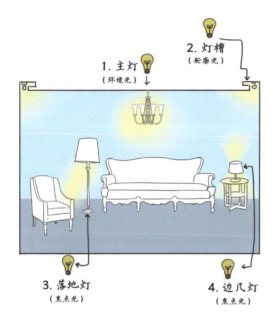

1. 主灯
（环境光）

2. 灯槽
（轮廓光）

3. 落地灯
（焦点光）

4. 边几灯
（焦点光）

链接

① 直接照明和间接照明

直接照明的光源全部或90%以上直接投射到被照物体上，光束感较强，但照明范围较小，适合作为焦点光。间接照明的光源90%以上先照到墙上或吊顶上，再反射到被照物体上，光束感较弱，照明范围较大，适合作为环境光。

② 光的种类：环境光、轮廓光和焦点光

环境光的光照范围大，看不清直接光源，却对光线产生变化。好的环境光可以令家居环境显得柔和。常见灯具有吊灯、吸顶灯、嵌灯、壁灯。轮廓光强调墙壁、吊顶等的轮廓，营造层次感，令家居环境显得更高、更大。常见灯具有灯带、灯槽。焦点光可以着重营造局部的氛围。常见灯具有射灯、立灯、桌灯等。

(2) 餐厅照明

一般来说，餐厅灯具大多采用吊灯，因为光源由上而下集中打在餐桌上，会令用餐者将焦点放在餐桌食物上；而且灯光最好使用黄色，这样会令食物看起来更加美味，从而调动用餐者的食欲。

另外，选择吊灯时，要注意灯具距离地面的高度最好为160cm，距离桌面的距离为65cm，这样的空间比例为最佳。在安装吊灯时，吊灯一定要对准餐桌的中心位置；如果安装壁灯，餐桌摆放的位置就不会受到任何限制；而选用落地灯时，摆放位置就要随着照明度和实际用途做调整。

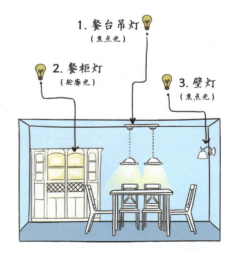

1. 餐台吊灯
（焦点光）

2. 餐柜灯
（轮廓光）

3. 壁灯
（焦点光）

(3) 卧室照明

卧室是用来休息的，灯光应以柔和为主。选用吊顶灯时，需选用暖色光的灯具，并配以适当的灯罩。否则，吊顶若悬挂笨重灯具，光线投射不佳，会使室内气氛大打折扣。

卧室床头灯的外形应以温馨、简约为宜，色彩要淡雅、温和。切莫选择外形夸大、奇特的灯具，色彩也不宜过于浓烈、鲜艳。

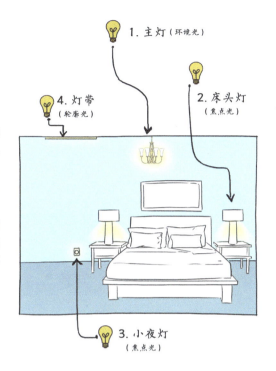

(4) 书房照明

书房照明不宜过亮，以光线柔和为宜，如果灯光过亮或过于刺眼，不利于集中注意力。另外，书房灯具不宜过大，超大灯饰容易使人产生压迫感，不利于思考与分析。因此，建议书房选择的灯饰要与其面积相适应，不要因凸显"富丽堂皇"而选大灯饰。

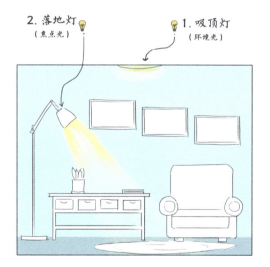

思考与巩固

1. 室内空间的灯具选择应注意哪些要点？

2. 不同面积的空间对于灯具及照明方式有什么不同的需求？

3. 餐厅照明应该如何设计？吊灯的适宜高度是多少？

四、装饰画与空间搭配

学习目标	本小节重点讲解装饰画在家居空间中的运用与设计手法，了解装饰画的分类。
学习重点	了解装饰画的悬挂高度，重点学习装饰画在不同家居空间中的悬挂方式。

1 装饰画的悬挂方式

挂画方式	概述	示例图片
对称式	最保守、最简单的墙面装饰手法。将两幅装饰画左右或上下对称悬挂，适合面积较小的区域，画面内容最好为同一系列	
重复式	面积相对较大的墙面可采用。将三幅造型、尺寸相同的装饰画平行悬挂，成为墙面装饰。图案包括边框应尽量简约，浅色及无框款式更为适合	
水平线式	在若干画框的上缘或下缘设置一条水平线，在这条水平线的上方或下方组合大量画作。若想避免呆板，可将相框更换成尺寸不同、造型各异的款式	
方框线式	在墙面上悬挂多幅装饰画可采用方框线挂法。先根据墙面情况，勾勒出一个方框形，以此为界，在方框中填入画框，可以放四幅、八幅甚至更多幅装饰画	
建筑结构线式	依照建筑结构来悬挂装饰画，例如在楼梯间，可沿楼梯坡度为参考线悬挂一组装饰画，将此处变成艺术走廊	

2 装饰画的设计原则

(1) 最好选择同种风格

　　室内装饰画最好选择同种风格，在一个空间环境里形成一两个视觉点即可。如果同时要安排几幅画，必须考虑之间的整体性，要求画面是同一艺术风格，画框是同一款式，或者相同的外框尺寸，使人们在视觉上不会感到散乱。也可以偶尔使用一两幅风格截然不同的装饰画做点缀，但如果装饰画特别显眼，同时风格十分明显，则最好按其风格来搭配家具、靠垫等。

∧装饰画的种类最好统一，色彩与家具有所呼应

(2) 要给墙面适当留白

　　选择装饰画时，首先要考虑悬挂墙面的空间大小。如果墙面有足够的空间，可以挂置一幅面积较大的装饰画；当空间较局促时，则应当考虑面积较小的装饰画，这样才不会令墙面产生压迫感，同时，恰当的留白也可以提升空间品位。

＞尽管装饰画的种类较多，但画框色彩与卡座搭配和谐，不显凌乱

3 装饰画在不同空间中的布置

（1）客厅装饰画

　　客厅装饰画的主题可以根据居室的风格来定，比如现代风格的居室可以选择带有抽象意义的装饰画或摄影画，中式风格的居室选择梅兰竹菊为主题的装饰画等。在色彩上，装饰画需和整体空间的色调相协调，一般多选择明快、清丽的色调，避免过深、刺眼的色调，否则容易造成空间压抑，并且长时间观赏会令人产生视觉上的不适感。

　　客厅装饰画的宽度一般以 50~80cm 为佳，总长度不宜小于主体家具的 2/3，且略窄于主体家具，以避免头重脚轻的感觉。如果空间高度在3m 以上，可以选择尺寸较大的装饰画，以凸显效果。

∧ 装饰画的色彩与沙发和抱枕均有所呼应

∧ 客厅装饰画的色调淡雅，和空间的色调搭配和谐

长度不小于沙发的 2/3

宽度以 50 ~ 80cm 为佳

根据客厅大小及形状选择装饰画	
大客厅 （25~35m²）	单幅装饰画的尺寸以 60cm×80cm 左右为宜。通常以站立时人的视点平行线略低一些作为画框底部的基准，沙发后面的画则要挂得更低一些。大客厅也可以选择尺寸大的装饰画，营造一种宽阔、开放的视野环境
小客厅 （18~25m²）	选择中型挂画，显得比较大方；另外，小客厅也可以选择多挂几幅尺寸略小的装饰画作为点缀，或者制作一面照片墙

布置实战解析

狭长客厅的墙面适合挂放狭长、多幅组合的画；方形墙面适合挂放横幅、方形的画。

∧ 适合狭长型客厅的挂画形式　　　　　　∧ 适合方形客厅的挂画形式

（2）餐厅装饰画

餐厅装饰画题材上以水果、写实风景较为适合，色彩上适合选用以橙、黄、粉为主的暖色调挂画，不宜选用红色、深绿、深蓝等过浓、偏暗色系的画，以免影响人的就餐心情。如果餐厅与客厅一体相通时，最好能与客厅配画连贯协调。

除了装饰内容，餐厅装饰画的尺寸也应注意，尺寸一般不宜过大，以60cm×60cm、60cm×90cm为宜。另外，挂画时，最好画的顶部距空间顶角线的距离为60~80cm，并保证挂画整体居于餐桌的中线位置。

∧ 餐厅装饰画色调温馨，居于餐桌中线

（3）卧室装饰画

卧室装饰画一般悬挂在卧室背景墙，也可以在床的对面或侧面墙壁上根据空间情况挂一到两幅。其内容以简洁为主，题材过于杂乱的装饰画会让人兴奋，妨碍睡眠。卧室装饰画的高度一般在50~80cm之间，长度根据墙面或者是主体家具的长度而定，不宜小于床长度的2/3。

∨ 卧室背景墙上悬挂装饰画，题材宜清雅、简洁

（4）书房装饰画

书房装饰画应以清雅、宁静为主，不要太过鲜艳跳跃，以免分散学习工作的注意力。色调选择上也要在柔和的基础上偏向冷色系，以营造出"静"的氛围。书房装饰画要与书房的文化氛围相吻合，可以选择一些合适的书画作品进行装饰。需要注意的是，书画的横竖尺寸要根据书房墙面高矮来定，偏矮的墙面可以挂一幅横批字画，一般来说，挂竖轴较多。

> 书房装饰画可为书画作品，体现典雅韵味

思考与巩固

1. 常见的装饰画悬挂方式有哪些？分别有什么特点？
2. 装饰画在风格选用上应注意哪些问题？
3. 客厅装饰画在选择题材及悬挂高度上分别应注意哪些问题？

五、绿植、花艺与空间装点

学习目标	本小节重点讲解绿植、花艺在家居中的设计原则及方法。
学习重点	了解绿植、花艺的摆放原则，重点学习家居空间绿植、花艺的摆放方式。

1 绿植的设计原则

（1）绿植色彩与家居色彩要相宜

若空间环境色调浓重，则植物色调应浅淡些，如南方常见的万年青，叶面绿白相间，在浓重的背景下显得非常柔和；若环境色调淡雅，植物的选择性相对就广泛一些，叶色深绿、叶形硕大和小巧玲珑、色调柔和的都可兼用。

（2）绿植在家居中的摆放不宜过多、过乱

一般来说，居室内绿化面积最多不得超过居室面积的 10%，这样室内才有一种扩大感，否则会使人觉得压抑，且植物高度不宜超过 2.3m。另外，在选择花卉造型时，还要考虑家具的造型。如在长沙发后侧摆放一盆高而直的绿色植物，就可以打破沙发的僵直感，产生一种高低变化的节奏感。

∨ 室内绿植需注意数量不要过多

2 花艺的设计原则

（1）花艺色彩与家居色彩要相宜

　　若空间环境色较深，花艺色彩以选择淡雅为宜；若空间环境色简洁明亮，花艺色彩则可以用得浓郁、鲜艳一些。另外，花艺色彩还可以根据季节变化来运用，最简单的方法为使用当季花卉作为主花材。

∧空间色彩淡雅，可选择深色花材　　∧空间色彩深浓，可选择白色花材

（2）花卉与花卉之间的配色要和谐

　　一种色彩的花材，色彩较容易处理，只要用相宜的绿色材料相衬托即可；而涉及两三种花色则须对各色花材审慎处理，应注意色彩的重量感和体量感。色彩的重量感主要取决于明度，明度高者显得轻，明度低者显得重。正确运用色彩的重量感，可使色彩关系平衡和稳定。例如，在插花的上部用轻色，下部用重色，或是体积小的花材用重色，体积大的花材用轻色。

∧小体积花材为重色，大体积花材为轻色　　∧花艺下部为重色，上部为轻色

3 绿植、花艺在不同空间中的布置

（1）客厅绿植、花艺

客厅是全家人常坐的地方，也是亲朋好友聚会的地方，可以选择摆放一些果实类的植物或招财类植物，如富贵竹、发财树、君子兰等。植物高低和大小要与客厅的大小成正比，位置让人一进客厅就能看到，不可隐藏。

客厅花艺不要选择太复杂的材料，花材持久性要高，不要太脆弱。色彩以红色、酒红色、香槟色等为佳，尽可能用单一色系，味道以淡香或无香为佳。客厅的茶几、边桌、电视柜等地方都可以用花艺做装饰。需要注意的是，客厅茶几上的花艺不宜太高。

∧客厅可选择大型绿植放在角落

（2）餐厅绿植、花艺

餐厅环境首先应考虑清洁卫生，植物也应以清洁、无异味的品种为主。另外，餐厅是就餐的地方，应避免摆放有浓烈、特殊香味的花卉、绿植，如松柏类、玉丁香。

相对客厅而言，餐厅花艺的华丽感更重，凝聚力更强，色彩以暖色为主，可提升食欲。另外，餐桌上的花艺高度不宜过高，不要超过对坐人的视线。圆形餐桌可以放在正中央，长方形餐桌可以水平方向摆放。

＜餐厅花艺可选择暖色系

（3）卧室绿植、花艺

卧室追求宁静、舒适的气氛，内部放置植物，要助于提升休息与睡眠的质量，可选择的植物有橡皮树、文竹、绿萝等。另外，卧室不宜放置过多植物，但可养些原产于热带干旱地区的多肉植物。这类植物不但在夜间吸收二氧化碳，连在呼吸过程中自己产生的二氧化碳也自行吸收消化，不向外部排放，因而使空气清新。

在卧室中，一般会在床头柜上摆放花艺，花材色彩不宜过多，1~3种即可，避免造成视觉上的混乱；另外，也可以摆放一束薰衣草干花，具有安神、促进睡眠的效果。

布置实战解析

可以根据空间大小来选择植物，如在宽敞的卧室里，可选用站立式的大型盆栽；小一点的卧室，则可选择吊挂式的盆栽，或将小巧的植物摆放在窗台或床头柜上。

小卧室适合小巧的绿植

大卧室适合大型盆栽

（4）书房绿植、花艺

书房绿植最好给人以朝气蓬勃、生机盎然的感觉，可以令工作、学习者保持一种良好的精神状态。适合摆放四季常绿的植物，例如吊兰、芦荟等。

书房适合摆放的花艺和卧室类似，不宜选择色彩过于艳丽，花形过于繁杂、硕大的花材，以免产生拥挤、压抑的感觉。在布置时，可以采用"点状装饰法"，即在适当的地方摆置精致小巧的花艺装饰，起到点缀、强化的效果。

＞书房绿植需体现生机感

思考与巩固

1. 绿植在家居空间中应该如何摆放？不同背景色空间的绿植该如何选择？

2. 花艺在不同背景色的空间中该如何选择？

3. 不同空间的绿植、花艺在布置时有哪些区别？

六、工艺品与空间摆放

学习目标	本小节重点讲解工艺品在家居中的摆放原则及方法。
学习重点	了解工艺品摆放的韵律感、层次感及同类性，重点学习家居空间工艺品的摆放方式。

1 工艺品在家居中的布置原则

（1）对称平衡摆设制造韵律感

将两个样式相同或类似的工艺品并列、对称、平衡地摆放在一起，不但可以制造出和谐的韵律感，还可以使其成为空间视觉焦点的一部分。

（2）同类风格的工艺品摆放在一起

家居工艺品摆放之前最好按照不同风格分类，再将同一类风格的饰品进行摆放。在同一件家具上，工艺品风格最好不要超过三种。如果是成套家具，则最好采用相同风格的工艺品，可以形成协调的居室环境。

∧ 工艺品对称平衡摆放

∧ 工艺品风格不超过三种

（3）摆放时要注意层次分明

摆放家居工艺饰品要遵循前小后大、层次分明的法则。例如，把小件饰品放在前排，大件装饰品放在后置位，可以更好地突出每个工艺品的特色。也可以尝试将工艺品斜放，这样的摆放形式比正放效果更佳。

2 工艺品在不同空间中的布置

（1）客厅工艺品

客厅配置工艺品要遵循少而精的原则，符合构图章法，注意视觉效果，并与客厅总体格调相统一，突出客厅空间的主题意境。另外，客厅工艺品切忌随意填充、堆砌，避免杂乱无章，在摆放时要注意大小、高低、疏密、色彩的搭配。具体摆设时，色彩鲜艳的宜放在深色家具上；美丽的卵石、古雅的钱币，可装在浅盘里，放置在低矮处，便于观赏。

（2）餐厅工艺品

一般来讲，就餐环境的气氛要比睡眠、学习等环境轻松活泼。装饰时，最好营造出一种温馨、祥和的气氛。餐厅墙面是装饰的重点，可以悬挂一些瓷盘、壁挂等工艺品，也可以根据餐厅具体情况灵活安排，用以点缀、美化环境，但要注意的是，切忌喧宾夺主，杂乱无章。

餐桌上则可以摆放几个精致的小摆件，其中烛台、餐盘等都是不错的装饰，不会占用太多空间，却能令空间更加生动活泼。

∧挂盘以及小体量的餐厅工艺品

布置实战解析

电视柜上可以摆放一些装饰品和相框，不要全部集中，稍微有点间距，形成前后层次，使这一区域变成悦目的小景。

（3）卧室工艺品

卧室最好摆放柔软、体量小的工艺品作为装饰，不适合在墙面上悬挂鹿头、牛头等兽类装饰，避免给半夜醒来的居住者带来惊吓；另外，卧室中也不适合摆放刀剑等利器装饰物，如位置摆放不宜，会带来一定的安全隐患。

<卧室工艺品宜柔软、小巧

（4）书房工艺品

书房工艺品应体现端丽、清雅的文化气质和风格。其中，文房四宝和古玩能够很好地凸显书房韵味。在略显现代的书房中，则可以加入抽象工艺品，来匹配书房的雅致风格。

一般家庭如无特殊需要，书房的大件装饰，如书柜、地毯等的色彩应尽量避免使用高度暖色调，因为这样会使书房颜色太过热烈，从而破坏读书氛围。当然，为避免空间的单调和呆板，在大面积沉稳色调为主的色彩运用中，较小的工艺品色彩可鲜艳、丰富一些，起到"点睛"的作用，形成一个既恬静又轻松的环境。

<中式风格的书房需体现清雅感

思考与巩固

1. 工艺品在摆放时需注意哪些问题？
2. 不同空间的工艺品在布置时有哪些区别？

风格软装的
设计与应用

第五章

软装是室内风格设计中非常重要的环节，很大程度上决定了家居风格的走向，同时也可以体现出空间的格调与氛围。要想出色完成不同家居风格的软装搭配，需要学会对色彩、质感、元素等方面的把控，并通过软装配饰设计的不断调整，最终完成整体空间的艺术效果。

扫码查看本章课件

一、 现代风格

1 现代风格的软装设计要点

现代风格即现代主义风格，是工业社会的产物，起源于1919年包豪斯（Bauhaus）学派，提倡突破传统，创造革新，重视功能和空间组织，注重发挥结构构成本身的形式美，造型简洁，反对多余装饰。

（1）色彩

现代风格的家居软装可以选择将色彩简化到最少程度，如采用无彩色展现风格的明快及冷调；如果觉得居家生活因过于冷调而流于冷漠，则可以用红色、橙色、绿色等做跳色。除此之外，展现现代风格的个性，还可以使用强烈的对比色彩。

∧在黑白灰为主色的沙发上加入红色抱枕做点缀，具有视觉跳跃感

∧抱枕用对比的黄色和蓝色，装饰画包含抱枕所用对比色的黄色和蓝色

（2）材质与图案

现代风格尊重材料的特性，讲究材料自身的质地和色彩的配置效果。在软装配置中，冷材质中的玻璃、不锈钢运用广泛，其镜面反射作用可取得与周围环境中的各种色彩、景物交相辉映的效果；同时，在灯光的配合下，还可形成晶莹明亮的高光部分，对空间环境的效果起到强化和烘托的作用，故在家具、灯具、工艺品中均有涉及。

软装图案方面，布艺织物常用纯色，条纹、几何图形略有出现；装饰画的图案一般以抽象图案为主，也常见都市摄影画。

几何图案的布艺单椅　　冷材质：玻璃茶几　　　　抽象图案装饰画　　冷材质：金属工艺挂饰

2 现代风格常用软装元素

(1) 家具

　　现代风格的家具比较注重造型，除了横平竖直、简洁明快的常规板式或布艺家具，带有几何造型感的家具可以更好地体现风格特征。在材质方面，除了被广泛运用的金属、玻璃家具，塑料、皮质、大理石家具也较为常见。这些家具可以大大提升房间的现代感。

常见家具		
造型家具	横平竖直、线条简洁的家具	
玻璃 + 金属材质的家具	太空椅	蛋椅

(2) 布艺

现代风格在布艺材质的选择上没有特殊要求，棉麻、锦缎、粗布等均可。窗帘的颜色可以比较跳跃，但一定不能选择花纹较多的图案。一般来说，如果客厅选择布艺沙发，在色彩上最好和窗帘有所呼应。现代风格的床品款式简洁，常以黑、白、灰和原色为主。

∧ 沙发和地毯选择了同色系、但明度略有差别的色彩，统一又富有变化；窗帘和沙发同属浊色调，搭配和谐

∧ 无彩色调的床品为卧室带来明亮的视觉效应，使空间显得不过于暗沉

(3) 灯具

现代风格居室中的灯具除了具备照明的功能外，更多的是装饰作用。灯具采用金属、玻璃及陶瓷制品作为灯架，造型上多为几何图形、不规则形状，在设计风格上脱离了传统的局限，再加上个性化的设计，完美的比例分割，以及自然、质朴的色彩搭配，体现风格特征。

另外，现代风格的家居中常做灯带，客厅、餐厅及卧室均会有所涉及，希望通过光影的组合、变化，塑造出独具品位的个性化居室空间。

常见灯具	
金属落地灯	造型灯具

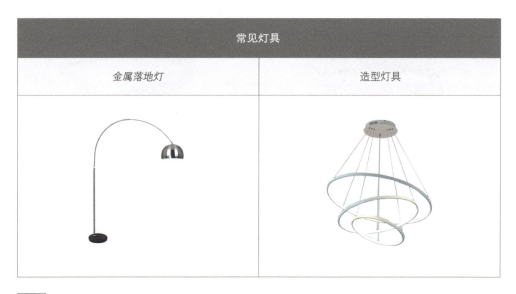

（4）装饰品

在现代风格的居室中，可以选择一些石膏作品作为艺术品陈列在家中，也可以将充满现代情趣的小件木雕作品根据喜好任意摆放。当然，现代风格居室中的装饰品还可以选择另类物件，比如民族风格浓郁的挂毯和羽毛饰物等。

在装饰画方面，主题一般以抽象派的画法为主，画面上充满了各种鲜艳的颜色。这类装饰画悬挂在现代风格的空间中，可使空间增添时尚感，并提升空间的视觉观赏性。另外，无框画因没有边框的设计，很适合现代风格的墙面造型。将无框画悬挂在墙面，可以与墙面的造型很好地融合一起，使空间设计看起来更加整体。

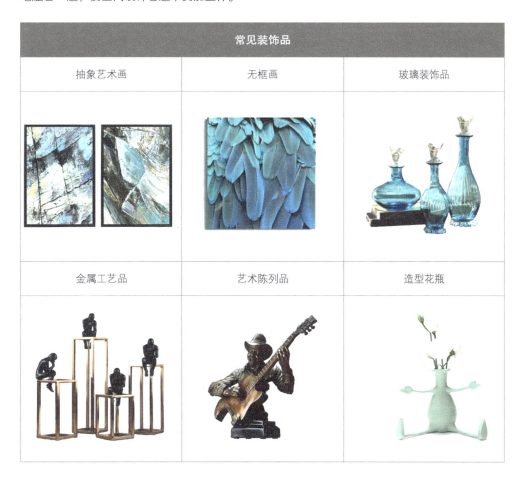

常见装饰品		
抽象艺术画	无框画	玻璃装饰品
金属工艺品	艺术陈列品	造型花瓶

思考与巩固

1. 现代风格的软装配色分为几个方面？可以用什么样的色彩来进行搭配？

2. 现代风格中什么材质运用得较为广泛？可以运用在哪些软装中？

3 现代风格软装实战案例解析

软装设计剖析：

　　带有 POP 浪潮感的现代风格居室，在定出整体空间大面积的主色后，在局部加入点缀对比色，做出调色效果，丰富视觉层次。同时，各空间采购了不同样式的家具，制造出丰富的空间观感；装饰物选择大胆，装饰画、灯具等均独具创意，成为空间中的强调配饰。

设计师：李文彬　　　　　设计公司：武汉桃弥设计工作室

客厅沙发和单椅在造型上差异较大，却在色彩上选择了同样的跳跃色系。其家具材质广泛涉及板材、皮质、金属、塑料等，体现出现代风格在家具材料上的多样性选择。

餐桌上大量运用了玻璃装饰品，现代况味十足，而香蕉造型的陶艺工艺品则独具特色，具有趣味性。

床品色彩多样、靓丽，但与整体家居环境形成呼应，多而不乱；阳台窗帘色彩来源于墙面和床品，体现出空间配色的协调性。

线条流畅的小体量家具不会过多占用空间面积，适合摆放在空间角落；座椅、抽屉把手、墙面搁板，以及灯具和闹钟等装饰均为黄色，形成靓丽的现代风格配色。

二、工业风格

学习目标	本小节重点讲解工业风格的软装设计要点，了解常见的风格软装单品。
学习重点	了解工业风格的软装类型，掌握工业风格常见软装元素的应用。

1 工业风格的软装设计要点

百年前的工业革命创造了人类前所未有的文明，许多当时兴建的工业厂房，现今已经成为工业遗址，而这种怀旧风潮已经越来越多地沿用到室内装修中，反映出人们对无拘无束的向往和对品质的追求。

(1) 色彩

工业风格的背景色常为黑白灰色系，以及红色砖墙的色彩。在软装配色中，一般也沿用了这种冷静的色彩，黑色、灰色、棕色、木色、朱红色十分常见，有时也会利用夸张的图案来表现风格特征。由于工业风格给人的印象是冷峻、硬朗、个性的，因此，家居设计中一般不会选择蓝色、绿色、紫色等色彩感过于强烈的纯色。

∧软装色彩与背景色类似，黑色、木色、朱红色的运用广泛

(2) 材质与图案

工业风格在设计中会出现大量的工业材料，硬装中常见裸露的水泥墙、水泥地、红砖墙；软装中做旧质感的木材、皮质元素、金属构件等是最能体现风格魅力的元素。在图案的运用上，和现代风格相似，几何图形、不规则图案的出现频率较高；另外，怪诞、夸张的图形也常常出现在工业风格的家居中。

∧ 皮质、金属、木质家具均有体现，强调风格特征；恐龙造型装饰品及装饰画均展现出工业风格的个性特征

2 工业风格常用软装元素

(1) 家具

塑造工业风格，金属制家具最有代表性，造型简约的金属框架家具可以为空间带来冷静的感受。另外，以金属水管为结构制成的家具最能体现工业风格，如果家中已经完成所有装潢，无法打掉墙面露出管线，那么这些家具会是不错的替代方案。但是，由于金属过于冷调，可以将金属家具与做旧的木质或皮质家具做混搭，既能保留家中温度，又不失粗犷感。

常见家具	
皮质沙发	做旧木家具
铁艺置物架	tolix 金属椅

(2)布艺

　　工业风格家居中，布艺的色彩需同样遵循冷调感。材质方面，仿动物皮毛的地毯十分常见，而斑马纹、豹纹则是常见的图案类型。另外，具有工业风特征的场景图案和报纸元素也可以运用在家居的布艺中。

常见布艺	
皮毛地毯	豹纹床品
工业场景的窗帘	报纸图案的餐桌布

(3)灯具

　　由于工业风多数空间色调偏暗，为了起到缓和作用，可以局部采用点光源的照明形式，如复古的工矿灯、筒灯等。另外，金属骨架及双关节灯具是最容易创造工业风格的物件，而裸露灯泡也是必备品。

常见灯具		
裸露的灯泡	蜘蛛吊灯	双关节台灯

（4）装饰品

工业风不刻意隐藏各种水电管线，而是透过位置的安排以及颜色的配合，将它们化为室内的视觉元素之一。这种颠覆传统的装潢方式往往也是最吸引人之处。而各种水管造型的装饰，如墙面搁板书架、水管造型摆件等，同样最能体现风格特征。

另外，曾经身边的陈旧物品，如旧皮箱、旧自行车、旧风扇等，在工业风格的空间陈列中拥有了新生命。羊头、牛头、油画、水彩画、工业模型等细节装饰，则是工业风的装饰表达重点。

常见装饰品		
水管装饰品	旧皮箱装饰	工业模型摆件
风扇装饰	羊头装饰	工业风装饰画
齿轮时钟	自行车装饰	

思考与巩固

1. 工业风格的软装来源有哪些？

2. 工业风格软装在材质选择上可以从哪些方面入手？

3. 工业风格的软装色彩与硬装色彩有哪些异同？

3 工业风格软装实战案例解析

软装设计剖析：

　　空间的工业风格浓郁，除了色彩上较为冷调之外，强烈的风格特征主要表现在裸露的水泥吊顶，以及水管灯具的大量运用。此外，家具选择囊括了金属、皮质和木质，复古中不乏温馨感。装饰物则独具个性，一物一设均体现出工业风格的个性与艺术化特征。

　　设计师：许炜杰　　　　　设计公司：拾雅客设计总监

客厅使用棕色系皮质家具，在整体冷调的空间中极具复古韵味。同时，边柜采用斑驳的木质，与皮质家具同样起到提升风格特征的作用。

沙发区的兽纹地毯、金属造型边几，打造出粗犷、豪放的空间氛围；壁炉上的无框装饰画，强调了色彩与图案在工业风空间中的作用。

餐厨一体化的空间，台面采用金属材质，高光泽度很好地凸显了风格特征；吧台椅则具备了浓郁的工业风情。

阳台被设计成一处工作区域，带有光泽度的金属材质书桌成为抢眼装饰，将工业风格表达得淋漓尽致。

卧室需要温馨、舒适的氛围，因此要弱化过于冷硬的工业风特征；可在软装色彩上延续大空间配色，如灰色和木色的大量使用。

三、简约风格

1 简约风格的软装设计要点

简约主义是在 20 世纪 80 年代中期对复古风潮的反叛和极简美学的基础上发展而来，90 年代初期逐渐延伸到室内设计领域，强调"少即是多"的装饰美学，极力舍弃不必要的装饰元素。

(1) 色彩

无彩色是简约风格的常用色彩，其中白色常作为背景色出现，家具方面常用的色彩有黑色、灰色、白色、米色和木色。由于简约风格的配色讲求干净、简洁，因此，常用色彩的明度变化来丰富配色层次。如果觉得无彩色组合出的居室过于单调，可以在配角色和点缀色中，以及布艺织物中用高纯度色彩来提亮空间。

∧ 大面积白色给人干净、素雅的感觉

∧ 若觉得白色过多显得寡淡，可用 1~3 种彩色丰富配色，但仍要保证白色占据主要面积

(2) 材质与图案

简约风格的材质选用和现代风格类似，不同的是像金属、玻璃这类过于现代的材质，在家居中应减少使用频率，仅做点缀装饰即可。图案方面，纯色和横平竖直的线条是简约风格的最佳搭配。竖条纹、波点这类简洁的图案也可运用，但一般来说，色彩不宜绚烂，常为黑白色或同类色搭配。

简洁的竖线图案　　　　少量金属材质的家具　　　　简洁的圆形图案

2 简约风格常用软装元素

(1) 家具

　　简约风格的家具通常造型简洁，线条较为简单，无论是客厅、餐厅，还是卧室、书房等空间中的家具均以直线为主，少见曲线。同时，简约风格的家具强调功能性，多功能家具十分常见，如沙发床、具有收纳功能的茶几等。这类家具为生活提供了便利，其功能性也大大提升了空间使用率，非常适合小户型的装修。

常见家具				
低矮家具	直线条家具	有收纳功能的家具	多功能家具	折叠家具

（2）布艺

简约风格的布艺不宜花纹过于繁复以及颜色过深。通常比较适合一些浅色，并且带有简单、大方图形和线条的装饰类型。

∧ 客厅布艺的选择均为花色素雅、简洁

（3）灯具

造型简洁的吸顶灯是简约风格中的常见灯具，造型方面，方形、圆形，以及规则的几何形皆可。餐厅也可以用垂吊型灯具，但一定要注意造型不能过于复杂、尖锐。而像华丽、繁复的水晶吊灯，则一定不能出现在简约风格的居室中。另外，简约风格也常在吊顶、背景墙上做灯槽设计，利用光影变化改善空间过于单调的问题。

常见灯具		
吸顶灯	简洁的垂吊灯	灯槽

（4）装饰品

简约风格虽然要遵循极简的装饰理念，但并不意味不需要装饰品。由于简约风格在色彩和造型上都极其简洁，因此，装饰品反而是最能提升空间格调的元素。但在选择上，仍需注意不要打破空间整体素雅的氛围。

其中，装饰画可以选择抽象或几何图案。题材相同的三联画是不错的选择。色彩应与空间的主体色彩相同或接近，同时色彩不宜过于复杂，最好不要超过三种。如果害怕出错，则以黑白灰为主色的装饰画是最佳选择。

工艺品摆件方面，数量不宜太多，起到点睛装饰即可。材质上，玻璃、陶瓷、金属、树脂皆可，可在造型选择上稍加用心。精美的装饰品可以提升空间的格调与品位。

常见装饰品		
黑白装饰画	三联画	金属果盘
玻璃花瓶	高纯度彩色花瓶	树脂摆件

思考与巩固

1. 简约风格在运用无彩色时，和现代风格有什么区别？

2. 简约风格适合运用的图案有哪些？需要注意哪些问题？

3. 简约风格的家具主要功能是什么？有哪些特点？

3 简约风格软装实战案例解析

软装设计剖析:

　　空间面积不大,因此,十分适合装饰精炼的简约风格。整体空间中的家具大多较为平直,且体量不大,有些家具还具备多样功能,实用性很强。为了避免色彩过于单一,大量运用亮丽的黄色作为点缀色出现,增添了空间的暖意,也提升了空间的活跃感。

　　设计师:叶永志　　　　设计公司:黎水仁佳设计公司

客厅家具体量小且线条平直,合适小空间。为了避免色彩上的单调,黄色灯具、插花,以及装饰画中的黄色,都是很好的点缀。

餐厅家具造型简洁,且餐桌为伸缩式,平时不会占用太多空间,来人做客时,又能容纳多人就餐。另外,装饰画、插花等装饰提升了餐厅的格调。

卧室无论是灯具、窗帘，还是装饰画，在色彩上均与客厅形成一种延续性，形成统一的设计风格。

厨房中大面积色彩为无色系，为了避免单调，在窗台上摆放一束黄色的插花，即可令厨房空间变得生动起来。

干湿分离的卫浴一端墙面，挂上小幅抽象装饰画，形成视觉焦点，丰富了墙面表情。

四、新中式风格

学习目标	本小节重点讲解新中式风格的软装设计要点，了解常见的风格软装单品。
学习重点	掌握新中式风格的软装塑造要点，了解新中式风格与传统中式风格软装的异同。

1 新中式风格的软装设计要点

　　新中式风格作为传统中式家居风格的现代生活理念，通过提取传统家居的精华元素和生活符号进行合理的搭配、布局，在整体的家居软装设计中既有中式家居的传统韵味又更多地符合了现代人居住的生活特点。

(1) 色彩

　　新中式讲究的是色彩自然和谐的搭配，软装配色一般分为两个方向：一是色彩淡雅的富有中国画意境的高雅色系，以无彩色和自然色为主，体现居住者的含蓄、沉稳；二是色彩鲜明的皇家色，如红、黄、蓝、绿，这类色彩可以映衬出居住者的个性。

∧淡雅色调体现新中式风格的高远意境　　　　　　　∧青花瓷中的蓝色令家居环境更显风骨、雅韵

(2) 材质与图案

　　新中式风格相较于古典中式，在选材上更加广泛，只要熟知材料特点，就能够在适当地方运用适当材料，即使是玻璃、金属等，一样可以展现新中式风格。如在中式古典风格中很少应用的石材，在新中式家居中则没什么限制，各种花色均可使用，浅色温馨大气，深色则古韵浓郁。

　　新中式风格的居室，简洁硬朗的直线条被广泛运用；而图案方面，带有中国古典文人情怀的"梅、兰、竹、菊"作为一种隐喻，常出现在软装设计中。

∧ 空间中既摆放了传统的中式圈椅，也有花鸟图案的石材坐墩

2 新中式风格常用软装元素

(1) 家具

　　新中式风格中，庄重繁复的明清家具使用率减少，取而代之的是线条简单的中式家具，也常用现代家具与明清家具的组合，弱化传统中式居室带来的沉闷。另外，像坐凳、简约化博古架、屏风这类传统的中式家具，也常常出现。

常见家具				
线条简练的中式家具	无雕花架子床	简约博古架	简练的圈椅	屏风

（2）布艺

新中式家居中的窗帘多为对称设计，且帘头简单。在材质方面，可以选择一些仿丝布艺，既具有质感，又能增添空间的现代、时尚氛围。另外，抱枕的选择可以根据整体空间的氛围来确定，如果空间中的中式元素较多，抱枕最好选择纯色；反之，抱枕则可以选择带有中式花纹或花鸟图的纹样。

常见布艺			
中式花纹窗帘	中式花纹抱枕	古韵桌旗	缎面床品

（3）灯具

新中式家居中的灯具与精雕细琢的中式古典灯具相比，更强调古典和传统文化神韵的再现。图案多为清明上河图、如意图、龙凤、京剧脸谱等中式元素，其装饰多以镂空或雕刻的木材为主，宁静而古朴。

常见灯具		
中式落地灯	青花瓷台灯	中式吊扇灯
	青花瓷台灯	中式特色灯具

（4）装饰品

新中式风格在装饰品选择上，与古典中式的差异不大，只是更加广泛。如以鸟笼、根雕等为主题的饰品，会给新中式家居营造出休闲、雅致的古典韵味。另外，中式花艺源远流长，可以作为家居中的点睛装饰；但由于中式花艺在家居中的实现具有局限性，因此可以用松竹、梅花、菊花、牡丹等带有中式特有标签的植物，来创造富有中式文化意韵的家居环境。

常见装饰品		
水墨山水画	花鸟挂画	书法装饰画
茶台	中式宫廷饰品	笔挂
鸟笼	根雕摆件	中式花艺

思考与巩固

1. 新中式风格的软装配色可以从哪些方面入手？

2. 明清家具适合用在新中式风格的家居中吗？该如何运用？

3. 新中式风格和古典中式在装饰品的选择上有哪些不同？

3 新中式风格软装实战案例解析

软装设计剖析：

　　空间整体以白色、灰色等浅色为主导，但在配饰方面大量使用绿色、烟色等轻巧颜色，使空间质感"软着陆"，增加了空间的灵动感。在软装纹案方面，大量运用云纹、山水、花鸟鱼虫等，将中式风情点染到极致。

　　设计师：范文涛　　　　**设计公司：**北京王凤波装饰设计有限公司

客厅大量运用水墨装饰画，
极具中式典雅韵味；仿古灯
则造型感十足，为空间增添
了艺术氛围。

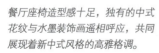

餐厅座椅造型感十足，独有的中式
花纹与水墨装饰画遥相呼应，共同
展现着新中式风格的高雅格调。

主卧床品采用了素雅的贡缎材质，朴素中不失高雅格调；不同明度的蓝色装饰，为空间带来色彩变化，丰富空间配色。

翡翠绿的装饰花瓶色彩亮丽，十分抢眼，与中式花艺作品以及装饰画搭配，共同营造出一处吸睛玄关。

五、简欧风格

学习目标	本小节重点讲解简欧风格的软装设计要点，了解常见的风格软装单品。
学习重点	掌握简欧风格软装塑造要点，理解简欧风格和古典欧式风格软装运用的异同。

1 简欧风格的软装设计要点

简欧风格不再追求表面的奢华和美感，而是更多解决人们生活的实际问题。在保持现代气息的基础上，变换各种形态，选择适宜材料，配以适宜色彩，极力让厚重的欧式家居体现一种别样奢华的"简约风格"。

(1) 色彩

相对比拥有浓厚欧洲风味的欧式装修风格，简欧更为清新，也更符合中国人内敛的审美观念。在色彩上，多选用白色或象牙白做底色，再糅合一些淡雅色调，力求呈现出一种开放、宽容的非凡气度。软装中，金色、黄色、暗红色、蓝色也是常见的点缀色。

简欧风格

欧式古典风格

∧简欧风格在色彩上比欧式古典风格清爽很多

（2）材质与图案

　　铁艺是简欧风格中不可缺少的装饰材质，常出现在楼梯栏杆以及铁艺家具中；而像水晶珠串、天鹅绒、金属这类可以体现出一定华贵感的材质也较为常用。在工艺上，简欧风格中常见雕刻、镀金、嵌木、镶嵌陶瓷等。

∧铁艺在简欧风格中被大量使用

　　简欧风格的家居装饰文雅，曲线多，显得轻盈优美，装饰图案常见欧式经典花纹。

常见欧式经典纹样			
大马士革纹	卷草纹	佩兹利纹	莨苕纹

2 简欧风格常用软装元素

(1) 家具

简欧风格在家具的选择上保留了传统材质和色彩的大致风格，同时又摈弃了过于复杂的肌理和装饰，简化了线条。家居中，适合选用米黄色、白色的柔美花纹图案家具，显得高贵、优雅。另外，简欧家具强调立体感，家具表面有一些浮雕设计。

常见家具				
线条简化的复古家具	猫腿家具	铁艺家具	贵妃椅	绒布高背椅

(2) 布艺

简欧风格中的布艺多为织锦、丝缎、薄纱、天鹅绒、天然棉麻等，同时可镶嵌金银丝、水钻、珠宝等装饰；而像亚麻、帆布这种硬质布艺，不太适用于简欧风格的家居。简欧家居中的窗帘常见流苏装饰，以及欧式华丽的帘头；花纹图案上，不论何种布艺均适用于欧式纹样。

常见布艺				
罗马帘	流苏窗帘	帐幔	欧式花纹抱枕	大花图案地毯

(3) 灯具

简欧风格家居中的灯具外形相对欧式古典风格简洁许多，如欧式古典风格中常见的华丽水晶灯，在简欧风格中出现频率减少，取而代之的是铁艺枝灯。另外，台灯、落地灯等灯饰常带有羊皮或蕾丝花边的灯罩，以及铁艺或天然石材打磨的灯座。

常见灯具			
铁艺枝灯	小型水晶吊灯	水晶 + 全铜落地灯	成对出现的壁灯

（4）装饰品

简欧风格注重装饰效果，用室内陈设品来增强历史文脉特色，往往会照搬古典设施、家具及陈设品来烘托室内环境气氛。同时，简欧风格的装饰品讲求艺术化、精致感，如金边欧风茶具、金银箔器皿、玻璃饰品等，都是很好的点缀物品。

常见装饰品		
油画作品	星芒装饰镜	线条简洁的壁炉
雕塑	欧风茶具	天鹅陶艺品
红酒架	天使树脂工艺品	欧式花器

思考与巩固

1. 简欧风格的软装配色和古典欧式存在哪些区别？

2. 简欧风格中的常见纹样有哪些？

3. 如何用布艺体现简欧风格的特征？

3 简欧风格软装实战案例解析

软装设计剖析：

　　空间采用白色为主调、紫红色为背景，配以蓝色饰品点缀，整体空间体现时尚、浪漫的格调。在软装应用方面，大量采用极具简欧风情的装饰，如罗马帘、铁艺枝灯、帐幔等，将风格理念蔓延到家居中的每一处角落。

　　设计师：郭斌　　　　设计公司：重庆星翰装饰设计工程有限公司

客厅选用现代欧式不同形态的沙发组合，多样且充满视觉变化；蓝色在空间中点缀应用，使客厅雅致中带有清新基调。

餐厅简约不失细节，整面装饰柜满足收纳与展示；餐桌椅及灯具都是典型的简欧风格，典雅、精致；蓝色饰品则与客厅遥相呼应，成为风格的延续。

主卧采用大量紫红色进行装饰，女性化特征凸显；而帐幔装饰更加凸显出主卧的唯美情调。

次卧沿袭客厅浪漫、时尚的风格，将蓝色点缀分出各种变化，局部饰品融入金色，是时尚、浪漫品位的唯美注脚。

六、法式风格

学习目标	本小节重点讲解法式风格分类，及不同分类的软装设计要点。
学习重点	掌握法式宫廷风格、法式乡村风格的常见软装元素应用。

1 法式风格的软装设计要点

  法式风格主要包括法式宫廷风格和法式乡村风格。无论哪一种法式风格，软装设计皆推崇优雅、诗意、浪漫，是一种基于对理想情景的思考，力求在气质上给人深度的感染，比较注重营造空间的流畅感和系列化，以及色彩和元素的搭配。

(1) 色彩

  法式风格的整体空间最好选择比较低调的色彩，如象牙白、亚金色等简单不抢眼的色彩，软装饰上再用金、紫、蓝、红等点缀。这样的配色一方面渲染出柔和、高雅的气质，另一方面可以恰如其分地突出空间的精致感与装饰性。此种配色方式，适用于任何一种法式风格。

法式乡村风格

法式宫廷风格

∧任意一种法式风格的配色皆体现出浪漫氛围

（2）材质与图案

法式风格主要给人的感觉是华贵、精致。在材质的运用上，偏重于硬木和织锦。装饰题材多以自然植物为主，使用变化丰富的卷草纹样、蚌壳曲线等。一般尽量避免使用水平直线，力求体现丰富的变化性。在图案方面，法国公鸡、薰衣草、向日葵都是标志性图案。

织锦　　　硬木材质　　变化的线条

2 法式风格常用软装元素

（1）家具

法式风格的家具很多表面略带雕花，配合扶手和椅腿的弧形曲度，显得更加优雅。在用料上，法式风格的家具一直沿用樱桃木，极少适用其他木材。

其中，法式宫廷风格的家具追求极致的装饰，在雕花、贴金箔、手绘上力图精益求精，充满贵族气质；法式乡村风格的家具摒弃奢华、繁复，但保留了纤细美好的曲线，天然又不失装饰美感。

常见欧式经典纹样			
硬木雕刻家具	弯腿家具	尖腿家具	手绘家具
织锦缎家具 （适用于法式宫廷风格）		描金漆家具 （适用于法式宫廷风格）	碎花布艺沙发 （适用于法式乡村风格）

（2）布艺

法式风格在布艺材质的选用上和简欧风格类似，常运用天鹅绒、锦缎等带有华丽质感的材质。不同的是，法式宫廷风格的窗帘帘头相较于简欧风格更加复杂、富丽。而法式田园的布艺在款式上相对简洁，图案多见碎花。另外，法式风格家居中的地毯最好选择色彩相对淡雅的图案，若过于花哨，则会与法式所追求的浪漫氛围相冲突。

法式宫廷风格的窗帘帘头较为复杂

法式乡村风格的窗帘设计简洁

多见碎花图案

（3）灯具

法式宫廷风格灯具皆以复杂的造型著称，像吊灯、壁灯以及台灯等，均以洛可可风格为主。而法式乡村风格则可选择蕾丝灯罩的台灯、彩绘玻璃灯罩的吊灯等。

常见灯具	
烛台灯具	法式彩绘灯
华丽的水晶吊灯 （适用于法式宫廷风格）	法式蕾丝灯 （适用于法式乡村风格）

（4）装饰品

　　法式风格的装饰品多会涂上靓丽的色彩或雕琢精美的花纹。这些经过现代工艺雕琢与升华的工艺品，能够体现出法式风格的精美质感。其中，法式装饰画通常采用油画材质，以著名的历史人物为设计灵感，再加上精雕的金属外框，兼具古典美与高贵感。

常见装饰品		
大幅人物装饰油画	法式主题装饰画	法式挂毯
镀金摆件 （适用于法式宫廷风格）	西洋钟 （适用于法式宫廷风格）	薰衣草瓶花 （适用于法式乡村风格）

思考与巩固

1. 法式风格包括哪些？在软装布置时有哪些注意要点？

2. 不同的法式风格，在家具选择上怎样区分？

3. 法式风格的布艺选择和简欧风格有何区别？

3 法式宫廷风格软装实战案例解析

软装设计剖析：

　　本案设计将法式宫廷风格的奢华与精致表达得非常到位。客厅和餐厅两个主空间皆运用大型水晶吊灯营造出华美、浪漫的氛围；大量湖蓝色系的软装饰品与背景色白色搭配，令家居空间呈现出干净、优雅的面貌。

华丽的水晶吊灯、复古的黄铜镜框、纤细灵巧的弯腿家具，将法式宫廷风格的精髓一一体现。

餐厅软装延续客厅华丽、精美的基调，其中的浅蓝色餐椅极尽唯美气息。

过道尽头的端景墙成为一处视觉焦点，和空间中其他装饰品共同形成层次丰富且不拖沓的设计手法。

4 法式乡村风格软装实战案例解析

软装设计剖析：

　　本案以丰富又浪漫的色彩营造出法式乡村风格，紫色鲜明的色彩为整个设计主轴，搭配各种实木染色柜体，将浓郁的法式风情展现在空间中。此外，铁艺吊灯、花艺绿植、装饰瓷盘等，无不将法式乡村风格的风貌展露到极致。

　　设计师：丁荷芬、冯慧心　　　　　　设计公司：台北采荷设计

紫色系和小碎花的运用体现出法式乡村风格的唯美情怀，大量木质和石材装饰则将天然气息溢满一室。

主卧软装大量使用女性色彩，如红色、紫色，符合法式田园的柔美特质。

黑色水晶吊灯搭配意大利花砖的餐桌和餐椅，将法式田园的精美展露无遗；绿色手染实木餐柜使收藏品更亮眼。

七、美式风格

学习目标	本小节重点讲解美式风格分类，及不同分类的软装设计要点。
学习重点	掌握美式乡村风格、现代美式风格的常见软装元素应用。

1 美式风格的软装设计要点

　　美式风格，顾名思义，是来自美国的装饰风格，主要包括美式乡村风格和现代美式风格。两种风格在设计时，皆以表现悠闲、舒畅、自然的乡村生活情趣为宗旨。

(1) 色彩

　　美式风格的配色主要来源于自然色调，接近泥土的颜色，如大地色系，以及能够表现出生机的色彩，如绿色系，都是十分常见的色彩。其中，美式乡村风格一般会用大面积的大地色或绿色系作为背景色，家具的色彩也较为厚重，仅在装饰品上出现红色、蓝色等其他色彩；现代美式风格的背景色一般为旧白色，家具的色彩依然延续厚重色调，但装饰品的色彩更为丰富，也常会出现红、白、蓝的比邻配色。

美式乡村风格　　　　　　　　　　　　现代美式风格

∧现代美式风格相对于美式乡村风格，配色更加清新

(2) 材质与图案

　　美式风格追求自然，木材、棉麻是其最常用的软装材质。家居设计时，一般要尽量避免出现直线，因此，家具、门窗都圆润可爱，营造出美式风格的舒适、惬意。在图案方面，花鸟虫鱼最为常见，体现出浓郁的自然风情。

随处可见的花纹　　　　　线条圆润　　棉麻布艺沙发　　　　　木质家具

2 美式风格常用软装元素

(1) 家具

　　美式风格家具主要以殖民时期为代表，体积庞大，质地厚重，坐垫也加大，彻底将以前欧洲皇室贵族的极品家具平民化，气派且实用。主要使用可就地取材的松木、枫木，不用雕饰，仍保有木材原始的纹理和质感，还刻意添上仿古的瘢痕和虫蛀痕迹，创造出一种古朴的质感。另外，美式家具非常重视装饰，风铃草、麦束、瓮形等图案，都是很好的装饰。

常见家具				
皮沙发	大书柜	四柱床	粗犷的木家具（适用于美式乡村风格）	棉麻沙发（适用于现代美式乡村风格）

(2) 布艺

布艺是美式风格中重要的运用元素，因为布艺的天然感与其能够很好地协调。其中，本色的棉麻是主流，也常见色彩鲜艳、花朵硕大的装饰图案。

本色的棉麻布艺　　　　　　　　大花图案的棉麻布艺

(3) 灯具

美式风格灯具的材质一般为树脂、铁艺、黄铜等，框架色彩多为黄铜色和黑色。灯具的色调以暖色调为主，能够散发出温馨、柔和的光线，衬托美式家居的自然、拙朴。在造型方面，树枝、鸟兽形态可提升风格特征。

常见灯具				
铁艺枝灯	金属风扇灯	彩绘玻璃灯	鹿角造型灯	鸟类造型灯

（4）装饰品

美式风格的装饰多样，重视生活的自然舒适性。各种繁复的花卉、盆栽是美式风格中非常重要的运用元素。而像铁艺饰品、自然风光的装饰画等，也是美式空间中常用的物品。另外，白头鹰是美国的国鸟，在美式风格中，这一象征爱国主义的元素也被广泛运用于装饰中，如鹰形工艺品。需要注意的是，现代美式风格和美式乡村风格相比，在装饰品的选择上更加精致、小巧。

常见装饰品		
世界版图装饰	自然风光装饰画	
鹰形工艺品	铁皮花筒插花	绿植盆栽
木质壁挂		铁艺装饰品

思考与巩固

1. 美式风格包括哪些？在软装布置时有哪些注意要点？

2. 不同的美式风格，在软装选择上怎样区分？

3 美式乡村风格软装实战案例解析

软装设计剖析:

　　美式乡村风格注重营造自然气息。本案在设计时,大量运用大型绿植,既塑造出有氧空间,又与空间背景色绿色搭配和谐。另外,大量粗犷、厚重的棕色木质家具,使空间整体氛围稳定下来,带来安心的居住体验。

粗犷的木家具以及格子布艺沙发将美式乡村风格的特征尽数呈现;大型绿色盆栽为空间注入了无限生机。

餐厅中的布艺多数为大花图案,与绿植相搭配,共同营造出浓郁的自然气息。

大花图案的布艺软装以及自然中采撷的绿植，仿若将卧室营造成一处鸟语花香的丛林。

大量鸟类装饰画和绿植为空间注入自然气息；铁艺吊灯无论是造型还是色彩，均与古朴的木家具达成和谐。

4 现代美式软装实战案例解析

软装设计剖析：

本案为现代美式风格，运用线条利落的木质家具、体量精巧的装饰品，营造出现代不失自然韵味的空间氛围。在软装色彩设计中，现代美式风格的配色更加清新，降低纯度的棕褐色系令空间的透气性更强。

设计公司： 大晴设计

现代美式风格的家具造型上更加简洁，绿植等装饰品也体现出精美的情调。

餐厅铁艺吊灯与客厅风扇灯遥相呼应，充分吻合美式风格的灯具特征。

卧室中的大花布艺沙发和抱枕在图案上形成呼应，充分显示出美式风格的自然气息。

玄关和厨房墙面悬挂了众多小型木板装饰画，小巧、精美，天然的材质充分表现出风格特征。

八、田园风格

1 田园风格的软装设计要点

田园风格朴实、亲切、贴近自然。其风格包括的种类较多，常见的有英式田园、韩式田园、美式乡村、法式乡村等。其中，英式田园风格大约形成于17世纪末，主要是由于人们看腻了奢华风，转而向往清新的乡野风格。韩式田园风格没有一个具体、明确的说法，往往给人以唯美、温馨、简约、优雅的印象。

（1）色彩

由于英式田园风格会用到大量的木材，因此，本木色在家中曝光率很高，常用于软装家具和吊顶横梁之中。韩国田园风格的软装色彩则着重体现浪漫情调，大量女性色彩应用广泛，最受欢迎的为粉色，纯度较高的黄色、绿色、蓝色也会经常出现。

英式田园风格   韩式田园风格

∧英式田园风格中，会用到大量的本木色，显得厚重、沉稳；韩式田园风格的软装配色则更加多样化，显得灵活、生动

（2）材质与图案

由于田园风格追求自然韵味，不论英式田园风格，还是韩式田园风格，软装均会大量用到木材和棉麻织物。另外，由于韩式田园风格以唯美、可爱著称，因此，设计秀美、工艺独特的蕾丝、薄纱材质也会较多出现。

图案方面，能够彰显自然风情的碎花绝对是营造两种田园风格的主角。此外，除了碎花和格子图案，两种风格依据各自特点，也有更加凸显风格的图案选择。其中，带有英伦风情的米字旗图案在英式田园风格中出现较多；而在韩式田园风格中，代表轻盈与美丽的蝴蝶图案出现频率较高。

英式田园风格

韩式田园风格

2 田园风格常用软装元素

（1）家具

  家具方面，两种田园风格在材质的选择上均以木材为主。其中，英式田园风格最重要的变化就是家具开始使用本土的胡桃木，且外形质朴素雅。另外，手工沙发在英式田园家居中占据着不可或缺的地位，大多为布面，色彩秀丽，线条优美，但很简洁。

  韩式田园风格相较于材质，更加注重家具的形态和色彩。形态方面，家具往往呈现"低姿"的特色，很难发现夸张的家具。色彩上，象牙白的韩式家具一般造型都比较简约大方，线条流畅、自然；粉色碎花的布艺家具、手绘家具也是表现韩式田园风格的主要家具。

常见家具		
胡桃木家具 （适用于英式田园风格）	手工沙发 （适用于英式田园风格）	粉色碎花布艺家具 （适用于韩式田园风格）
低姿家具 （适用于韩式田园风格）	木质＋藤筐家具 （适用于韩式田园风格）	手绘家具 （适用于韩式田园风格）

（2）布艺

　　无论是英式田园风格，还是韩式田园风格，其窗帘的选择皆大同小异，以自然色或碎花图案的棉麻材质为主。不同的是，韩式田园风格往往会选择带有可爱蓬蓬裙边的坐垫、床裙等布艺，而英式田园的布艺则简洁、大气许多。

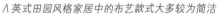

∧ 英式田园风格家居中的布艺款式大多较为简洁　　∧ 韩式田园风格的布艺更加唯美、梦幻

（3）灯具

　　在灯具的选用上，两种田园风格与美式乡村风格、法式乡村风格所运用到的灯具有部分相同，如铁艺枝灯、彩绘玻璃灯和蕾丝台灯。此外，这两种田园风格中也常会出现带有复古图案灯座的台灯。

常见灯具		
铁艺枝灯	枝蔓落地灯	彩绘玻璃台灯
复古图案灯座的台灯	花朵造型吊灯 （韩式田园风格）	蕾丝田园台灯 （韩式田园风格）

（4）装饰品

　　盘子装饰、木质相框、小型绿植盆栽都是营造田园风情的好帮手。此外，英伦风的装饰品可以有很多选择，比如米字图案的小挂件、英国士兵，或者是非常具有英式风情的下午茶茶具等。能够代表韩式本土特色的工艺品也有很多，如韩国木雕、韩国面具、韩国太极扇、民间绘画饰品等。将这些带有民族特色的元素合理地运用到家居装饰中，可以在细节处将风格特征体现得淋漓尽致。

常见装饰品		
盘状装饰品	木质相框照片墙	小型绿植盆栽
多肉植物	胡桃夹子士兵装饰 （适用于英式田园风格）	英伦风下午茶餐具 （适用于英式田园风格）
米字旗装饰 （适用于英式田园风格）	韩式人偶娃娃 （适用于韩式田园风格）	树脂萌物工艺品 （适用于韩式田园风格）

思考与巩固

1. 田园风格包括哪些？软装设计存在哪些相同的理念？

2. 英式田园风格和韩式田园风格在软装色彩上分别应如何设计？

3. 英式田园风格和韩式田园风格在家具选用上存在哪些差异？

3 英式田园风格软装实战案例解析

软装设计剖析：

　　本案的背景色清爽、干净，符合英式田园风格追求简洁的设计理念，再用独具英伦特色的手工木质家具、米字图案家具、贵族人物装饰画等软装来装点家居环境，打造出一处自然中不乏精致品位的家居空间。

客厅中运用手工木质家具和米字图案茶几来凸显英式风情，亮丽的橘色抱枕与茶几上的米字图案的色彩形成呼应，成为空间中的点睛色彩。

带有鹦鹉图案的餐椅和绿植装饰为餐厅带来了浓郁的自然风情；烛台、骑士工艺品则小巧、精致，体现出英式风情的高雅格调。

卧室无论是灯具、窗帘，还是装饰画，在色彩上均与客厅形成一种延续性，形成统一的设计风格。

在主卧一隅的装饰柜台面上摆放一幅英伦人物装饰画，仅此装饰就点染出浓郁的英伦气息；而绿植、小鸟灯具则具备了自然风情。

书房色彩相对亮丽许多，但带有浊调的色彩并不会引起视觉刺激；再用米字形图案的家具来装点空间，轻易营造出独具英伦特色的家居环境。

4 韩式田园风格软装实战案例解析

软装设计剖析：

　　本案运用甜而不腻、深浅有别的肉粉色，串联公私区域的空间色彩，奠定了韩式田园柔美的气息。另外，家具多为线条细致、弧度优雅的低矮造型，符合韩式田园选用家具的理念，再搭配清雅绿植、小巧装饰画等软装，使空间美得赏心悦目。

　　设计师：王思文、王忠锭　　　**设计公司：摩登雅舍室内设计**

客厅中的沙发抱枕为经典的碎花图案，与绿植一起为空间带来浓郁的田园味道；烛台铁艺吊灯、带裙边的布艺沙发，以及手绘茶几等装饰，更显韩式田园的妩媚风情。

餐厅色彩延续客厅，用干净、柔美的白色和肉粉色来设计，再搭配铁艺枝形吊灯、小型绿植、精致的甜点盘等装饰，体现韩式田园的精美特质。

主卧以同系列的睡床、床头柜与斗柜，充实收纳机能；且家具线条柔美、舒畅，与圆形装饰盘的线条呼应。

九、北欧风格

1 北欧风格的软装设计要点

20 世纪初，现代工业在北欧确立后，本土传统手工艺与工业化相结合，并受欧洲大陆现代主义设计运动的影响，将艺术与实用结合起来，形成更舒适、更富有人情味的北欧风格。

(1) 色彩

北欧风格的家居，以浅淡的色彩、洁净的清爽感，令居家空间得以彻底降温。背景色一般为无彩色，且多使用中性色、蓝色、黄色等色彩进行柔和过渡。这种配色方式也同样适用于软装设计，力求表现出干净、利落，又不失情调的风格特征。

∧ 干净的配色是北欧风格的设计精髓

（2）材质与图案

北欧风格常用的装饰材料主要有木材、石材、玻璃和铁艺等，都无一例外地保留了这些材质的原始质感。

在家居装修方面，室内的顶、墙、地六个面，完全不用纹样和图案装饰，只用线条、色块来区分、点缀。

铁艺家具

木质家具

用色块点缀空间

2 北欧风格常用软装元素

（1）家具

北欧家具一般较为低矮，并以板式家具为主，这种使用不同规格的人造板材，再以五金件连接的家具，可以变幻出千变万化的款式和造型。而这种家具也只靠比例、色彩和质感，来传达美感。另外，"以人为本"也是北欧家具设计的精髓。北欧家具不仅追求造型美，更注重从人体结构出发，讲究它的曲线如何在与人体接触时达到完美的结合。

常见家具				
布艺＋木框架沙发	板式家具	符合人体工学的家具	伊姆斯椅	折叠式躺椅

（2）布艺

在布艺的选择上，北欧风格偏爱柔软、质朴的纱麻制品，如窗帘、桌布等都力求体现出素洁、天然的面貌。北欧风格的地毯和抱枕，则偏重于用图案和色彩来表现风格特征，常见的有灰白、白黑格子图案，黄色波浪图案，粉蓝相间的几何图案等。另外，麋鹿也是北欧风格布艺中的常见图案。

北欧布艺中的常见图案

（3）灯具

北欧风格的灯具和其风格特征一样，注重简洁的造型感，一般不会过于花哨，力求用本身的色彩和流线来吸引人的目光。常见的灯具有魔豆灯、鱼线灯等；另外，北欧神话中的六芒星、八芒星，这种具有浪漫、神秘色彩的造型，也会出现在灯具设计中。

常见灯具		
魔豆灯	金属灯罩灯	钓鱼落地灯
鱼线灯	星芒灯	

（4）装饰品

北欧风格的装饰非常注重个人品位和个性化格调，饰品不会很多，但很精致。虽然北欧风格的家居在装饰上往往比较简洁，但是鲜花、干花、绿植却是北欧家居中经常出现的装饰物。这不仅契合了北欧家居追求自然的理念，也可以令家居容颜更加清爽。

常见的北欧绿植有龟背竹、散尾葵、琴叶榕、虎尾兰、仙人掌等。干花中的尤加利叶也常出现在北欧风格的家居中，形成强烈的文艺气息。

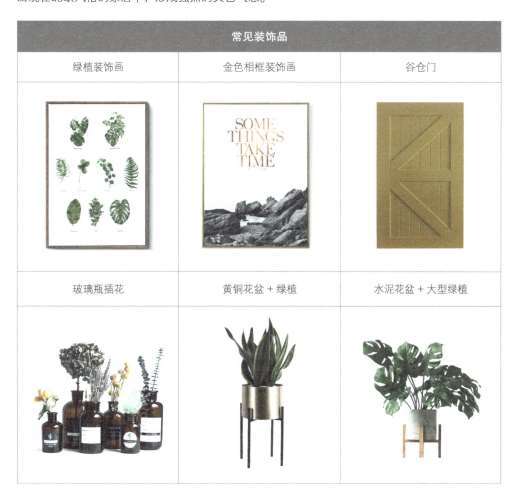

常见装饰品		
绿植装饰画	金色相框装饰画	谷仓门
玻璃瓶插花	黄铜花盆 + 绿植	水泥花盆 + 大型绿植

思考与巩固

1. 北欧风格的软装配色和硬装配色有哪些共同点？

2. 北欧风格家具的主要特点是什么？

3. 北欧风格的装饰品力求表现出什么特征？

3 北欧风格软装实战案例解析

软装设计剖析:

    利用白色和灰色作为空间大面积主色,再加入浅淡的木色作为搭配,塑造出干净、经典的北欧风格。在家具的选择上,不仅运用温和的木色来增添空间的温暖度,并且北欧家具特有的圆润造型,可以适当避免尖角家具带来的磕碰。

客厅利用干净的白色和温润的浅木色作为背景色,同时搭配灰色系的沙发和几何图案的地毯,利用色彩的明度变化,带来丰富配色层次,又不会破坏整体空间的纯净基调。

通透的卧室用大面积白色作为空间色彩，再用深木色地板形成低重心配色，视觉稳定、利落。窗台上的绿植，其清新的色彩则为室内注入了生机。

开放式厨餐厅延续了客厅素洁的配色基调，再加入黑色来稳定配色，令空间色彩不至于显得过于轻飘。

十、 地中海风格

学习目标	本小节重点讲解地中海风格的软装设计要点，了解常见的风格软装单品。
学习重点	了解地中海软装的色彩搭配及材料选择，掌握地中海风格常见软装元素的应用。

1 地中海风格的软装设计要点

地中海家居风格是 9~11 世纪起源于地中海沿岸的一种家居风格，同时泛指在地中海周围国家所具有的风格，是海洋风格的典型代表。

(1) 色彩

地中海风格的配色纯美，大多取材于自然界中的明亮色彩，其软装配色与硬装类似，主要来源有三个方面：① 蓝色 + 白色，典型的地中海配色，灵感来源于西班牙的蔚蓝海岸与白色沙滩，以及希腊的白色村庄；② 蓝色 + 黄色，最具有活泼感和阳光感的地中海配色，灵感来源于意大利南部向日葵花田，以及法国南部的薰衣草；③ 红褐、土黄，典型的北非地域配色，呈现热烈感觉，犹如阳光照射的沙漠。

蓝色 + 白色

蓝色 + 黄色   红褐、土黄

（2）材质与图案

地中海风格的家居中，冷材质与暖材质皆应用广泛。暖材质主要表现在木质和棉织布艺上，可以体现出地中海风格的天然质感；冷材质主要表现在铁艺和玻璃饰物上，其中，做旧的铁艺家具与灯具可以凸显出地中海风情的斑驳感；而玻璃所独具的通透性与晶莹度，则与地中海风格清爽的氛围不谋而合，因此也较为常见。另外，格子和条纹是地中海风格中较常见的图案，一般用在布艺织物中。

暖材质：木质　　　冷材质：铁艺　　　冷材质：玻璃　　　暖材质：条纹布艺

2 地中海风格常用软装元素

（1）家具

在为地中海风格的家居挑选家具时，最好是用一些比较低矮的家具，可以令视线更加开阔。同时，家具线条以柔和为主，可以用一些圆形或是椭圆形的木制家具，与整个环境浑然一体。

在家具的应用方面，擦漆木家具是地中海风格中最常见的家具，大多以白色为主色，也常见白色＋木色、白色＋蓝色。干净的色调与天然的材质，符合地中海家居追求自然的格调。另外，有些木家具也会做擦漆做旧处理，这种处理方式除了可以让家具流露出古典家具才有的质感，更能展现出家具在地中海的碧海晴天之下被海风吹蚀的自然印迹。

独特的锻打铁艺家具，也是地中海风格独特的美学产物，流畅的线条、圆润的造型，符合地中海风格追求随性的诉求。

由于地中海风格所独具的海洋气息，在家具的造型上常见船形家具，这种家具小巧、新颖，是最能体现地中海风格的元素之一。一般常作为边柜或床头柜在客厅和卧室中使用。

常见家具				
擦漆木家具	布艺家具	锻打铁艺家具	船形家具	白色四柱床

（2）布艺

地中海家居中的布艺最好体现出自然、舒适的感觉。纯棉、粗棉布皆可令家居空间更显自然韵味。轻薄纱帘其轻缈的质感，仿佛地中海的清风拂过，是非常带有地域特征的装饰物。

常见布艺			
轻缈的纱帘	地中海扇形罗马帘	格子 / 条纹布艺	白色 + 蓝色棉织床品

（3）灯具

地中海灯具常见的特征之一是灯具的灯臂或中柱部分常会做擦漆做旧处理，与擦漆做旧的家具相同，力求表现出纯正的乡村气息。此外，彩绘玻璃与白陶材质的灯罩吊灯也可以在一定程度上表达出地中海的风格特征。

在灯具的造型上，常见地中海独具的船舵、贝壳等图案，由于带有童趣，常用在儿童房中。客厅和餐厅中常见地中海吊扇灯，这种灯具在田园和乡村风格的居室中也较为常见，区别在于灯罩的色彩。

常见灯具			
地中海吊扇灯	铁艺吊灯	地中海彩绘玻璃灯	海洋风灯具

（4）装饰品

地中海家居中的装饰品同样带有浓郁的海洋风情，船锚、救生圈、贝壳等在空间中十分常见。装饰画的内容上，以圣托里尼的风景最能彰显风格特征。

地中海风格的家居非常注意绿化，爬藤类植物是常见的居家植物，小巧可爱的绿色盆栽也较常见。

常见装饰品		
地中海拱形窗／门	圣托里尼装饰画／手绘墙	救生圈装饰
船、船锚、船舵等装饰	贝壳、海星等装饰	渔网装饰
铁艺装饰品	玻璃装饰品	爬藤类植物

思考与巩固

1. 地中海风格的软装配色主要有哪些？分别具有什么特征？
2. 地中海风格的家具要体现出什么样的质感，才能与风格诉求相吻合？
3. 海洋风情元素在家居软装有哪些体现？该如何运用？

3 地中海风格软装实战案例解析

软装设计剖析：

居室中运用了一些风化过的家具，摸上去有被海风腐蚀的触感，与空间的整体格调搭配得恰到好处。家具材料上大量运用了木、藤，充分散发出自然气息。而布艺织物的运用也令居室散发出浓郁的温馨感。

设计师：李文彬　　　　设计公司：武汉桃弥设计工作室

客厅的背景色为白色，与蓝色为主角色的沙发形成了地中海风格的经典配色。其间黄色、橙色、绿色等软装的运用，丰富了空间中的色彩层次。

餐厅的家具材质为木质和藤制，具有强烈的自然味道；而地台式座椅不仅令空间中的休闲气息更加浓郁，而且还具备一定的收纳功能。

原始主卧的面积相对较小，所以干脆把卫浴全部打通，拉上纱帘，若隐若现的感觉别有一番情趣。

在具有休闲功能的阳台花园中，做了一个秋千，十分具有童趣；在榻榻米房的一侧墙面依势设计了一个吧台，集实用与美观的双重功能于一体。

十一、 东南亚风格

学习目标	本小节重点讲解东南亚风格的软装设计要点，了解常见的风格软装单品。
学习重点	掌握东南亚风格的软装塑造要点及常见软装元素的应用。

1 东南亚风格的软装设计要点

　　东南亚风格是一种结合了东南亚民族岛屿特色及精致文化品位的家居设计方式，以热带雨林的自然之美和浓郁的民族特色风靡世界，多适宜喜欢静谧与雅致的人群。

(1) 色彩

　　东南亚风格最重要的特征是取材自然，因此，在色泽上也多为来源于木材和泥土的褐色系。另外，东南亚地处热带，气候闷热潮湿，在家居装饰上常用夸张艳丽的色彩冲破视觉的沉闷，常见红、蓝、紫、橙等神秘、跳跃的源自于大自然的色彩。

∧ 色彩艳丽的软装饰物充分表露出东南亚风格妩媚、神秘的特征

（2）材质与图案

藤条、竹子、木材、石材等天然材料常出现在东南亚风格的家具和装饰物中。

东南亚风格的家居中，图案往往来源于两个方面：以热带风情为主的花草图案和极具禅意风情的图案。其中，花草图案的表现并不是大面积的，而是以区域型呈现；同时，图案与色彩非常协调，往往是一个色系的图案。而禅意风情的图案则作为点缀，出现在家居环境中。

藤制家具　　　　　花草图案　　　　　　　　木质家具

2 东南亚风格常用软装元素

（1）家具

东南亚风格的家具大多就地取材，体型庞大，具有异域风情。其中，木雕家具最为常见，又以柚木为合适的上好原料。另外，也常见藤制家具，因其天然环保，且具有吸湿、吸热、透风、防蛀，以及不易变形和开裂等物理性能，可以媲美中高档的硬杂木材。

常见家具			
木雕家具	藤制家具	泰式雕花家具	无雕花架子床

（2）布艺

　　各种各样色彩艳丽的布艺装饰是东南亚家居的最佳搭档。其中，泰丝抱枕是沙发上或床上最好的装饰品；也常见曼妙的纱幔、色彩深浓的窗帘等布艺装饰。在布艺色调的选用上，东南亚风情标志性的炫色系列多为纯度较高的色彩。

泰丝抱枕　　　　　　　　　纱幔

（3）灯具

　　东南亚风格的灯饰和家具一样，也延续了取材自然的特点，如贝壳、椰壳、藤、枯树干等，都可以用来设计灯具，具有强烈的艺术化特征。另外，东南亚风格的灯饰在造型上具有明显的地域民族特征，如佛手灯、大象造型的台灯等。

常见灯具			
木皮灯具	竹编灯具	佛手灯	大象造型灯

（4）装饰品

由于东南亚国家信奉神佛，在装饰品中，也体现了这一特点，常见佛像、佛手造型的工艺品；另外，大象是很多东南亚国家都非常喜爱的动物，相传它会给人们带来福气和财运，因此，在东南亚的家居装饰中，大象饰品随处可见。而东南亚国家盛产锡器，这种带有强烈文化印记的物品，也是体现东南亚风情的绝佳装饰。

常见装饰品		
异域风情装饰画	东南亚特色花纹壁挂	佛手饰品
大象饰品	佛像饰品	木雕
锡器	莲叶装饰	青石缸

思考与巩固

1. 东南亚风格的软装色彩该如何设计？要体现出怎样的意境？

2. 东南亚风格的装饰图案主要有哪些？

3. 在装饰品的选择上，东南亚风格最需要注意的要素是什么？

3 东南亚风格软装实战案例解析

软装设计剖析：

　　本案的家具材质以原木、棉麻、藤制为主，尽显天然韵味；再用木皮灯具、砂岩佛雕、木雕壁挂、荷花装饰等具有浓郁东南亚风情的饰物进行空间装点，营造出纯粹又不失传统东南亚味道的空间氛围。

设计师：周文胜、陆闻　　　**设计公司：**榀格设计

客厅使用大量木质家具来奠定东南亚风格追求自然的特性，再选用木皮灯具、色彩鲜艳的泰丝抱枕等装饰，塑造出神秘的热带雨林气息。

餐厅色彩同样较为丰
富，特有的东南亚花纹
背景墙极具视觉冲击，
竹编灯具、天堂鸟装饰
花艺则增添了空间的自
然气息。

卧室布艺色彩鲜艳、材
质华美，与佛像工艺品
一起打造出一个极具异
域风情的空间。

十二、 日式风格

1 日式风格的软装设计要点

日式风格又称和风、和式，给人一种特别简洁的感觉。在家居设计时，一般也延续这一特点，没有过于繁琐的装饰，更讲求的是空间的流动性。

(1) 色彩

日式风格的家居中，不论是家具还是装饰品，色彩多偏重于浅木色，可以令家居环境更显干净、明亮。同时，也会出现蓝色、红色等点缀色彩，但以浊色调为主。

∧淡雅木色系可以很好地凸显日式风格的禅意

（2）材质与图案

日式风格的家居一般采用清晰的线条布置，优雅、清洁，有较强的几何感。由于日式风格注重与大自然相融合，所用的装修建材也多为自然界的原材料，如木质、竹质、纸质、藤制的天然绿色建材被广泛应用。

图案方面，樱花、浅淡的水墨画、日式和风花纹等十分常见，令家居环境体现出一种唯美的意境。

木质家具　　　　　　　　竹编灯具　　　　　　　水墨装饰画

2 日式风格常用软装元素

（1）家具

日式家具的品种虽少，但很有特色，注重材料的天然质感，线条简洁，工艺精致。其中，榻榻米是一定要出现的元素，它有着一般凉席的功能，又有美观舒适的功能，其下的收藏储物功能也是一大特色。另外，传统的日式茶桌以其清新自然、简洁淡雅的独特品位，形成了独特的家居风格，为生活在都市的人群营造出闲适写意、悠然自得的生活境界。

常见家具				
榻榻米 / 榻榻米床	日式茶桌	地台升降桌	藤编家具	榻榻米座椅

(2) 布艺

传统的日本布艺多用深蓝色、米色、白色等，且带有日本特色图案。另外，布艺少有繁琐的花边、褶皱等设计。

∧ 常见日式布艺花纹

(3) 灯具

日式灯具既要体现日式风格的精髓，又要透出一丝丝禅意。从外观上说，日式灯具的线条感强，造型讲究，形状以圆形、弧形居多；从灯光颜色来说，光线温和，偏暖黄，给人温暖、安静的感觉。

常见灯具		
和纸灯具	竹木灯具	宣纸灯具

（4）装饰品

日式风格的家居中装饰品虽然不多，但要求能够体现出独有的风格特征。像招财猫、和风锦鲤装饰、和服人偶工艺品、浮世绘装饰画等，都是典型的日式装饰。

另外，在日式风格的家居中，还会有一种较常见的装饰，即蒲团＋茶桌＋清水烧茶具，体现出浓浓的禅意风情。

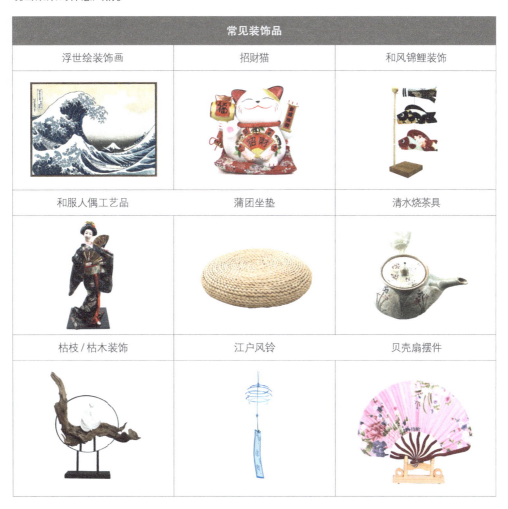

常见装饰品		
浮世绘装饰画	招财猫	和风锦鲤装饰
和服人偶工艺品	蒲团坐垫	清水烧茶具
枯枝/枯木装饰	江户风铃	贝壳扇摆件

思考与巩固

1. 日式风格的软装色彩有什么特点？需要营造出怎样的氛围？

2. 日式风格家居中的常用家具有哪些？有什么特点？

3. 日式风格布艺中的常见纹样有哪些？

3 日式风格软装实战案例解析

软装设计剖析：

　　日式风格给人超凡脱俗的空间感受，因此，本案在设计时，家具采用大量天然的木质、布艺和藤编材质，将日式风格取材自然的特性体现得淋漓尽致。另外，空间中多见枯木、枯枝装饰，将浓浓的禅意风情溢满一室。

　　设计公司：上海禾易建筑设计有限公司

枯木装饰、天然风干植物，以及雕花精美的木质玄关柜，无不将日式静谧的韵味渲染到极致。

客厅中，无论家具还是装饰品的色彩均淡雅、理性，体现出日式风格的简洁、清雅特性；同时，注重细节处设计，用抱枕上的树枝图案与大型木兰花枝相呼应。

茶室中摆放枫叶造型的花艺装饰，搭配素雅的清水烧茶具，形成浓浓的禅意风情。

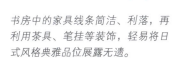

书房中的家具线条简洁、利落，再利用茶具、笔挂等装饰，轻易将日式风格典雅品位展露无遗。

卧室中的布艺配色沉稳，彰显出日式风格的轻简风范；另外，空间中灯具的造型独特，成为引人入胜的装饰物。

餐厨一体化的空间，除了在色彩上呼应主体家居风格，也用枯枝装饰、清水烧餐盘来吻合日式风格的软装诉求。

软装与家居
氛围的营造

第六章

由于家居软装易于更换与调整，因此在搭配上并非是一成不变的，可以根据不同季节、节日、人群来选择与之匹配的软装。这种方式不仅简单易行，而且花费不高，是改变家居容颜最直接、有效的方式。

扫码查看本章课件

一、节日软装饰应用

1 春节软装布置

春节不仅仅是一个节日，同时也是中国人情感得以释放、心理诉求得以满足的重要载体。家居中的软装也可以在新年之际换上新装，体现出喜庆、阖家团圆的温馨感。

(1) 色彩

红色是最能体现出喜庆感的色彩，也是中国人心目中代表祥和、快乐的色彩。因此，在春节时，可以在家居环境中适当布置红色软装，给人带来其乐融融、瑞气呈祥的家居氛围。需要注意的是，红色虽然喜庆、热烈，但却不适合大面积运用，尤其是小空间，大量运用红色，会给空间带来压抑感。另外，橙色、金色、绿色这三种颜色可以表现出一种欢乐、富足、生机勃勃的感觉，也可用在春节软装中表达喜庆气氛。

(2) 形状图案

"福"字是春节家居中常出现的图案，可以为家居环境带来吉祥的寓意；另外，灯笼、窗花、年画这类能够表现中式传统文化的元素，运用在春节软装中，也可以很好地表现出浓郁的年味儿。

家居常用软装元素		
红色福字抱枕	年画娃娃抱枕	红色贡缎床品
新年主题餐垫	红色新年餐具	中国结挂饰
红灯笼	炮仗串挂饰	鱼挂件
金橘盆栽	富贵竹	桃枝插花

家居软装实例解析

在红色沙发上搭配几个同类色抱枕，形成色彩上的呼应，也体现出春节的喜庆气息；茶几上的鲜花更是将自然气息带到客厅，令居室不再单调。

色调沉稳的餐厅，春节期间在餐桌上摆放上桃花装饰及红烛，不费周章，就营造出一个喜庆的用餐空间，同时也丰富了餐厅色彩。

中式家居本身就带有传统的喜庆气息。本案中，仅是换上了红色沙发抱枕和坐垫，再在盆栽上挂几个小红灯笼，家中的年味儿便呼之欲出。

2 情人节软装布置

　　西方的情人节是一个浪漫而甜蜜的节日，这一天也是提升爱人间亲密关系的好时机，可以利用软装提升家居空间的温馨基调，令节日气氛更加浓郁。

(1) 色彩

　　白色、粉红色、大红色都能表达出爱意，因此，以这三种颜色为主的软装搭配最契合情人节的氛围。白色表示幸福和纯洁，代表爱情的纯洁和婚姻的贞洁；粉红色代表可爱浪漫，富有幻想色彩，通常小女人会喜欢用粉色营造出"童话世界"；红色代表热情奔放，不仅能体现出主人强烈、大胆的个性，更能展现青年生机勃勃的朝气。

(2) 形状图案

　　传递心意的花朵和心形图案、巧克力，带有"爱"、"LOVE"等字眼的物品都能很好地表现情人节的浪漫气氛；而烛台、红酒、浪漫的水晶饰品也是必不可少的装饰物。另外，由于情人节是一个带有浪漫及温馨感的节日，因此应该多采用一些圆润线条的饰物，避免尖锐、生硬的线条破坏家居中的和谐氛围。

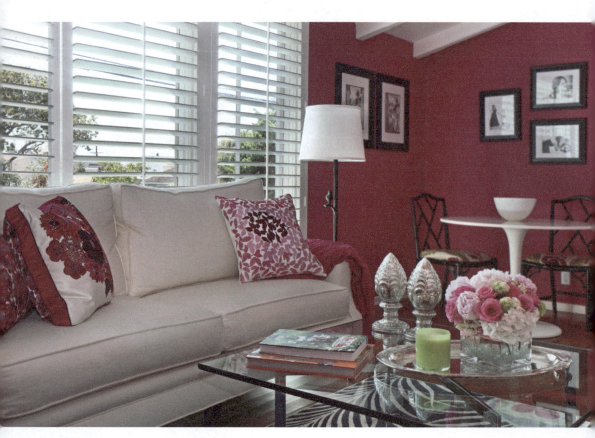

家居常用软装元素		
粉红色系布艺	纱幔帷帐	LOVE 字样
心形装饰品	水晶工艺品	成对装饰物
烛台	香薰灯	红酒架
气球装饰	永生花装饰	玫瑰花插花

家居软装实例解析

在餐桌上摆放玫瑰花，将餐巾换成粉色系，为餐厅座椅换上玫红色系的坐套，这样的设计丰富了空间配色，也奠定了餐厅浪漫、唯美的节日氛围。

茶几上的红玫瑰插花营造出浪漫、温情的气氛；再在沙发上摆上几个花朵图案的抱枕，与之形成呼应，节日氛围浓郁。

情人节之际，在以白色为主色的厨房窗户处悬挂心形花环，并搁置一对情侣装饰，十分应景；而粉色玫瑰花不仅丰富了空间配色，也与节日主题相符。

情人节在卧室中挂上曼妙的纱幔帷帐，为空间营造出浪漫氛围；洒在床上的玫瑰花瓣则更添节日情调。

3 万圣节软装布置

新异好玩的万圣节是孩子们的狂欢节。在家居软装布置上,这样一个诡谲的节日,也应该传承哥特的风范,但要适可而止,只做局部点缀,毕竟家居环境还是要以温情为主。

(1) 色彩

万圣节的主题色非常明确,深邃的黑色和活泼张扬的橙色成为了这个节日的主色调。因此,在布置居室选择软装的时候,不妨多选择这两个色调的家饰品。可以从餐桌布、凳套、墙壁贴纸、杯垫、抱枕、地毯等多方面入手。

(2) 形状图案

南瓜作为万圣节的经典饰品,在万圣节的出现率可谓相当地高。另外,蜘蛛、蝙蝠、女巫的扫帚、城堡、黑猫等也是万圣节常见的装饰图案。

家居常用软装元素		
万圣节桌布	城堡图案的抱枕	万圣节餐具
南瓜灯	南瓜花艺	万圣节纸灯笼
女巫主题饰品	稻草人装饰	万圣节拉花
蝙蝠装饰	蜘蛛装饰	万圣蜡烛

家居软装实例解析

墙面上的蜘蛛装饰，餐边柜上的骷髅墓碑，餐桌上的蜘蛛、骷髅等装饰物，将万圣节奇诡的氛围渲染得淋漓尽致。

在入门楼梯处摆放一个大型的万圣节花艺，再在附近放上几颗南瓜，体现出浓郁的万圣节气息。

庭院楼梯上摆放雕有蜘蛛及黑猫图案的南瓜，以及随意搁置的墓碑、石头装饰都极具个性，营造出充满节日气息的户外环境。

在家居中的一处角落，用南瓜灯、万圣拉花等装饰营造出一处小景，将万圣节神秘的气息融入家中，也增添了节日的乐趣。

4 圣诞节软装布置

圣诞节类似于中国的春节，是个喜庆、祥和的节日。属于圣诞节的装饰很多，可以巧妙地融入家居软装中来，营造出浓郁的圣诞气息。

(1) 色彩

西方人以红、绿、白三色为圣诞色。圣诞节来临时，家家户户都要用圣诞色来装饰。红色的有圣诞花和圣诞蜡烛。绿色的是圣诞树，它是圣诞节的主要装饰品，用砍伐来的杉、柏一类呈塔形的常青树装饰而成。除了这三个圣诞色外，金色、银色、黄色也慢慢发展为圣诞节装饰的常用颜色。

(2) 形状图案

圣诞节是体现欢乐的节日，同时也充满童趣。在软装图案方面，圣诞老人、驯鹿既是圣诞节特有的元素，也充满卡通乐趣，因此十分适用。此外，雪花、心形、星星图案等，也常常出现在圣诞节的软装布置中。

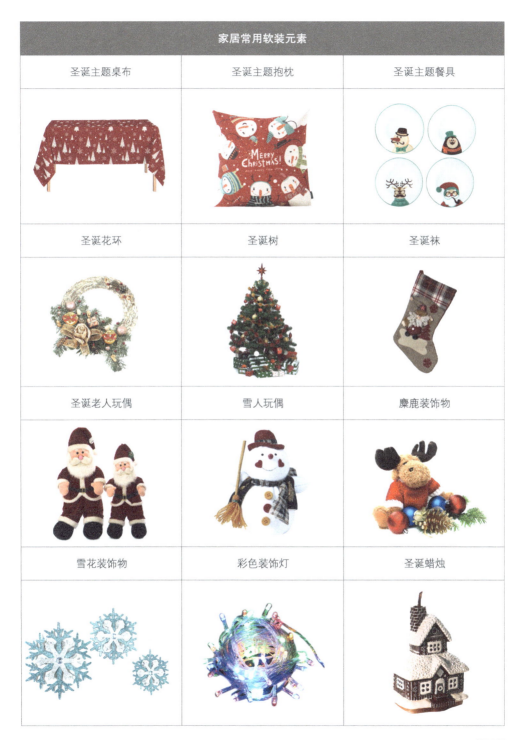

家居常用软装元素		
圣诞主题桌布	圣诞主题抱枕	圣诞主题餐具
圣诞花环	圣诞树	圣诞袜
圣诞老人玩偶	雪人玩偶	麋鹿装饰物
雪花装饰物	彩色装饰灯	圣诞蜡烛

家居软装实例解析

圣诞树、礼物盒、圣诞袜，这些小装饰都是最能凸显圣诞节主题的装饰物，令整个空间充满着节日温情。

体量小巧的圣诞树本身就极具装饰效果，壁炉处的松枝、松塔装饰与之相辅相成，共同营造出浓郁的圣诞氛围。

沙发旁摆放圣诞树，并在客厅与餐厅的分隔处悬挂彩灯装饰，将空间的圣诞节气息展现得十分到位。

在餐厅墙面悬挂圣诞袜及圣诞花环，餐桌布及坐垫采用带有童趣图案的布艺，在细节处吻合整体空间的节日氛围。

思考与巩固

1.春节中的软装饰品要达到怎样的寓意？可以选择的饰品有哪些？

2.情节人的软装在色彩和图案上要突出怎样的设计理念？

3.如何运用软装色彩来营造出一个充满狂欢氛围的万圣节家居？

4.圣诞节的常用软装饰品有哪些？可以怎样布置？

二、 季节性软装的变化

学习目标	本小节重点讲解如何根据季节变化更换软装、饰品。
学习重点	掌握不同季节的软装更换要素，以及软装单品的应用。

1 春季适用的家居软装

春天是一个充满生机的季节，家居软装也同样应凸显出春意盎然的感觉。可以利用富有生机的色彩和来源于自然中的图案装点家居环境。

(1) 色彩

春天多以清新、明亮的色调为主，如明黄色＋白色、芥末绿＋白色等，这样的配色既温暖，又不失自然清新；此外，珍珠色、奶油色、珊瑚色等在大自然中较常见到的色彩也越来越多地成为春季家居的潮流色彩。

(2) 形状图案

自然的材质如木材、皮革、毛毡和植物纤维，在视觉上能给人带来泥土的质朴与丛林的清新，可以用在春季的软装搭配中。另外，轻薄的纱帘、带有明媚色彩的地毯、五彩缤纷的壁画，也可以表达出春天的气息。另外，抽象的花卉图案、带有甜美气息的小碎花、独具童趣的波点形图案，都能给人们带来春日里大地复苏的美好感觉，可以作为春日家居中的常用图案。

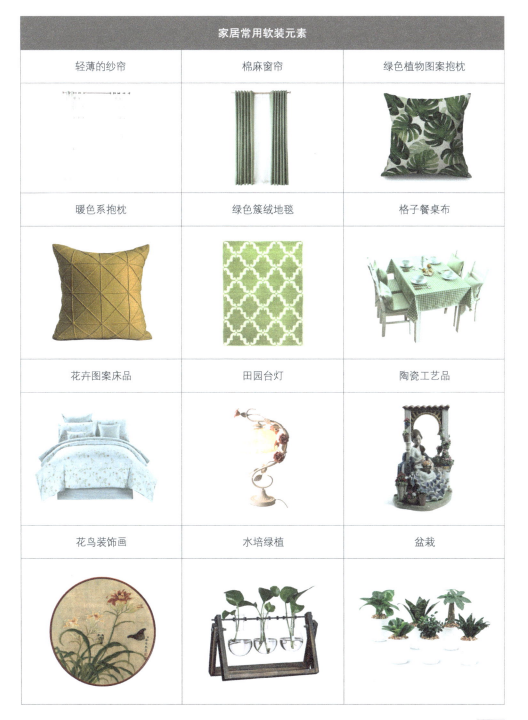

家居常用软装元素		
轻薄的纱帘	棉麻窗帘	绿色植物图案抱枕
暖色系抱枕	绿色簇绒地毯	格子餐桌布
花卉图案床品	田园台灯	陶瓷工艺品
花鸟装饰画	水培绿植	盆栽

家居软装实例解析

绿色簇绒地毯仿佛为客厅铺上了一片绿地,体现出空间的勃勃生机;沙发上的绿色系抱枕,则与整体大空间雅致的氛围吻合。

大面积藤制家具带来空间的透气感,玻璃花瓶与色彩清雅的插花为空间增添了清新氛围;而沙发上绿色波点图案的麻布抱枕则营造出春意盎然的家居环境。

绿色方格桌布为空间平添几分
阳春三月的气息；而在餐厅上
部空间搁置的藤制收纳篮，既
实用，材质上也与空间整体自
然的气质相符。

大面积绿色床品为空间带来清
新氛围，也将春天的气息满溢。
花朵纹案的地毯、绿色布艺灯，
与整体空间基调相符，共同营
造出一个春意无限的睡眠环境。

第六章　软装与家居氛围的营造　**183**

2 夏季适用的家居软装

夏天给人以热情、奔放的感觉，也容易让人产生燥热不安的情绪。因此，家里的软装配饰可以换成质地轻盈、颜色清爽的材质来改善空间氛围，令人神清气爽、心旷神怡。

(1) 色彩

夏季的软装搭配要给人带来清爽感，因此，冷色调就十分契合。其中，蓝色是最能代表清凉的色彩，与白色搭配，能够散发出沁人心脾的清新味道。另外，米色、淡灰、浅紫等，也都是适合用在夏天的颜色。

(2) 形状图案

夏日家居软装要的便是透气、凉爽，因此，轻薄透气的纱织品、棉麻制品和凉爽的藤竹制品受到广泛欢迎。工艺品可选择铁艺、玻璃等能给人带来冰凉触觉的材质。

图案方面，多姿多彩的动物图案、五彩缤纷的花卉图案、不规则形状的几何色块、海洋元素饰品，都可以让夏日家居回归到最自然、最原始的快乐之中。

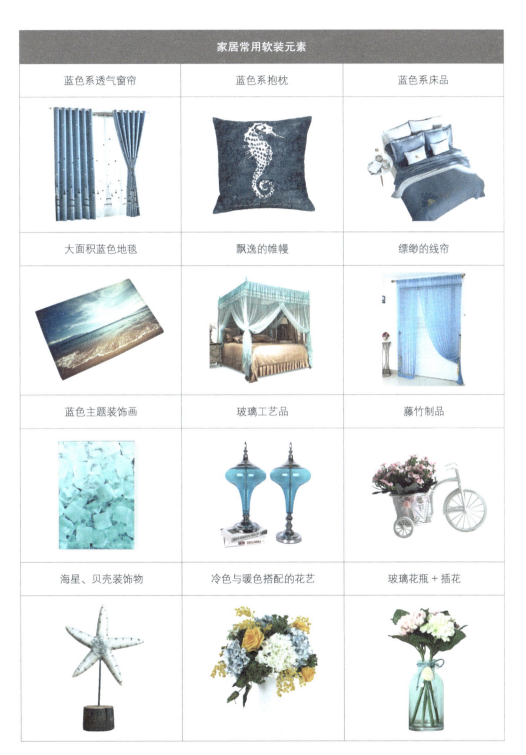

家居常用软装元素		
蓝色系透气窗帘	蓝色系抱枕	蓝色系床品
大面积蓝色地毯	飘逸的帷幔	缥缈的线帘
蓝色主题装饰画	玻璃工艺品	藤竹制品
海星、贝壳装饰物	冷色与暖色搭配的花艺	玻璃花瓶＋插花

家居软装实例解析

蓝、黄、橙三种颜色交织的抱枕丰富了空间的色彩变化，却不显杂乱，令居室呈现出夏日的清爽，又不乏温情的基调。

蓝色玻璃花瓶与玫红色花枝搭配得极具艺术感，其材质和色彩均体现出夏日的清凉；另外，沙发上数量不多的蓝色抱枕，不仅带来视觉上的色彩变化，也透出清爽感。

沙发上不同明度的蓝色抱枕，与茶几上蓝色的绣球花形成色彩上的呼应，也体现出夏日家居的用色特征。

轻薄的蓝色窗帘无论色彩还是材质，均十分清透；床品色彩同样采用冷色调的蓝色，整个空间将夏日的清凉展露无遗。

3 秋季适用的家居软装

秋天是丰收的季节，天气也开始渐渐转凉，夏天清爽的色彩和材质开始不再适合秋季的家居软装。色调温馨、材质稍显厚重的软装材质能够令家居升温，是秋季软装配饰的关键。

(1) 色彩

秋季为了让家居环境看起来温暖、柔和，可以选择一些暖色系配色，但是色彩不要过于亮丽，应在选择的颜色当中适当添加一些灰色的基调，搭配起来会更加和谐，像棕色、米色、酒红色、墨绿色等可以滤去秋日的浮躁，让室内充满雍容大气之感。

(2) 形状图案

秋季天气渐凉，应该选用能营造暖意氛围的材质和家居饰品，例如，柔软的羊绒盖毯、质地厚实的窗帘等。另外，大花图案的布艺软装、干花、枯枝、丰收主题的装饰画等，都能将秋风带来的萧瑟一扫而尽，是秋季软装的首选。

家居常用软装元素		
棕色系窗帘	棉质印花窗帘	色泽丰富的大花抱枕
毛线坐垫	花纹浓郁的地毯	水果图案的装饰画
丰收主题的装饰画	枫叶装饰	粗陶制品
枯枝装饰	暖色系的插花	干花

家居软装实例解析

沙发上的大花抱枕色泽浓郁，体现出秋季的斑斓，方格毯子则可以在略显凉意的天气为居住者带来温暖。

略显低调的暖黄色客厅带来秋日的含蓄美，仅在茶几上随意搁置几支干花，就能将秋季特有的美感盈满一室。

大花图案的床品将秋天的典
雅、沉稳衬托得恰合时宜，成
为空间中的视觉焦点；墙面上
体现丰收主题的装饰画，令人
仿佛置身于一处充满丰收喜悦
的乡村。

在睡床上铺设一个毛线毯，为
空间带来温暖。大量的薰衣草
装饰，以及藤编篮筐的出现，
则令家中的自然气息满溢。

4 冬季适用的家居软装

温暖的色彩及柔软、温暖的材质是冬季软装不可或缺的两大的要素。只要将色彩与材质进行合理搭配，就可以轻易营造出一个暖意融融的冬日家居。

(1) 色彩

应尽量避免大面积冷色调的运用，红色、橙色、深棕色、土黄色等暖色是冬日软装色彩的首选，还可以适量添加白色调来营造冬雪的气氛。

(2) 形状图案

冬季气候寒冷干燥，宜选用触感柔软且温暖的羊毛、棉、针织等材质来赶走冬日的严寒。另外，工艺品也避免选用金属、玻璃等冰冷的材质，可以搭配天然的陶制、藤竹等质朴的材质，令居室更显温馨。另外，不规则的长绒毛地毯，梅花、经典的格子、充满朝气的向日葵图案，都能营造出冬季温暖的气息。

家居常用软装元素		
厚实的窗帘	长绒抱枕	簇绒地毯
长绒毯	厚实的棉质床品	暖光布罩台灯
暖色木制品	飘雪水晶球	树脂雪人摆件
烛台	向日葵插花	梅花插花

家居软装实例解析

利用材质温暖的抱枕及长绒毯,令冬季家居环境充满温暖气息;同时,在临近窗台的位置放置一个带有厚实坐垫的摇椅,为生活增添情趣。

向日葵插花自带温暖气息,在严严冬日为空间增添暖意;同时铺设大块花纹地毯,既有装饰性,又能提升温暖度。

在床尾凳上放置一个长绒毛床品，既温馨，又能令人眼前一亮；其材质温暖，颜色则仿佛冬日里的白雪，十分应景。

餐桌椅下面铺设地毯，有效防止了桌椅移动时留下划痕，同时提升了空间的温暖度。厚实的暖色窗帘则将寒冷隔绝于室外，无论材质还是色彩都带有保暖性。

思考与巩固

1. 春天的软装色彩需要怎样设计才能体现出生机感？

2. 夏天的家居软装在图案上该如何表达季节性特征？

3. 如何利用色彩、材质和图案来营造秋季的家居软装？

4. 冬季软装在材质上主要体现什么样的质感？

三、家居人群软装饰营造手法

学习目标	本小节针对不同人群归纳软装特点，及空间布置要素。
学习重点	掌握不同人群的家居空间软装塑造要点，及常见软装元素的应用。

1 单身男性家居软装布置

单身男性的家居环境一般素整、高效，装饰品不必过多，但一定要体现理性，可以用雕塑、金属装饰品、抽象画等来装饰。家具方面，粗犷感的家具、对比材质的家具较能体现出男性特征；而收纳性质明晰的家具可以较好地帮助单身男性进行衣物分类。

（1）色彩

软装代表色彩通常是具有厚重感或者冷峻的色彩，其中，表现冷峻的色彩以冷色系以及黑、灰等无色系色彩为主，明度和纯度均较低。表现厚重的色彩以暗色调及浊色调为主，能够表现出力量感。

（2）形状图案

单身男性的家居空间装饰品及家具的选材，均可以以玻璃、金属等冷调质感的材质为主。在造型方面则以几何造型、简练的直线条为主，顺畅而利落。

家居常用软装元素		
深色木纹家具	皮质家具	金属家具
对比材质的家具	暗色系棉麻窗帘	无色系拼接床品
线条利落的灯具	金属材质的落地灯	抽象装饰画
抽象工艺品	机械工艺品	车类摆件

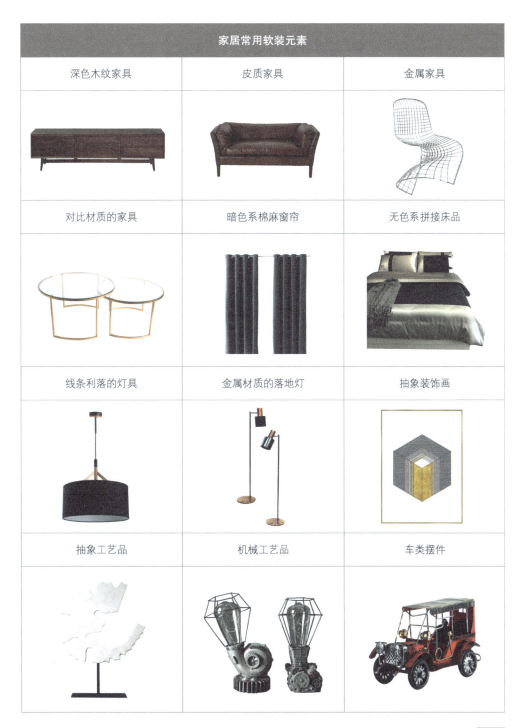

家居软装实例解析

咖色沙发极具质感，茶几上橙色与黑色交织的玻璃花瓶与之形成色彩上的呼应，成为点亮空间的设计手法；虽然家中也有插花装饰，但线性造型体现出男性的利落感。

灰色与咖色的家具，用冷静、理性的色彩营造出男性空间；装饰品虽然不多，但个性主题的装饰画、金属色泽的音响等，极具男性特征。

在角落空间摆放一个木
制收纳柜，将日常杂物
尽数收纳；同时，悬挂
不同类型的装饰画，丰
富小空间的层次感。

做旧的深木色家具令空
间呈现出质朴、天然的
气息；大面积暗浊色系
的地毯、灰色的床品，
以及搭配出现的深蓝色
抱枕等布艺，体现出男
性空间的素雅。

2 单身女性家居软装布置

单身女性的家居环境以温馨、浪漫的基调为主，注重营造空间的系列化，以及色彩和元素的搭配，常见具有艺术化特征和带有女性色彩的家具。家居饰品则需要体现出清新、可爱、精致感。

（1）色彩

女性家居的软装配色不同于男性家居，色相方面基本没有限制，即使是黑色、蓝色、灰色也可以应用，但需要注意色调的选择，避免过于深暗的色调及强对比。另外，红色、粉色、紫色等具有强烈女性主义的色彩运用十分广泛，但同样应注意色相不宜过于暗淡、深重。

（2）形状图案

女性家居常见带有螺旋和花纹的铁艺，体现精致感；另外，布艺也是十分常见的材质，蕾丝、流苏均适用，唯美而浪漫。图案上，以花草纹最为常见，曲线、弧线等圆润的线条则能体现出女性的柔美。

家居常用软装元素		
碎花布艺家具	手绘家具	梳妆台
公主床	带流苏的窗帘	蕾丝花边的布艺
小型水晶灯具	蕾丝花边的台灯	都市女性主题的装饰画
水晶工艺品	精致的花器	精美的插花

家居软装实例解析

明色调的蓝色沙发与亮黄色的边几、花瓶等小型软装，形成对比型配色，令空间显得十分活泼；花朵主题的抱枕、装饰画，以及插花，则体现出女性空间的精致、唯美。

空间配色丰富而明亮，形成具有艺术化的女性家居环境；大量布艺的运用，使空间带有了天然的温暖感。

长颈鹿、小型绿植、小
幅油画等装饰，令餐厅
弥漫出童趣，体现出单
身女性家居的可爱与灵
动。餐椅上红蓝色系的
坐垫，在色彩上与空间
大面积色彩形成呼应。

花朵图案的地毯和床品
为女性空间带来梦幻田
园般的氛围；线条流畅
的铁艺灯、"LOVE"字样
的挂钩、带有自然气息
的装饰物则在细节处体
现着女性空间的精致。

3 婚房软装布置

婚房最重要的是要体现出喜庆氛围，软装上少不了红色布艺。家具和饰品也都力求体现"喜结连理""百年好合"的理念，因此，成对出现的软装必不可少，也可以将两人之间具有纪念意义的物件摆放在适当位置，加深两人的共同记忆。另外，见证新人最美时刻的婚纱照，是居室中最亮人眼目的一抹华彩。

(1) 色彩

新房中，除了选择一种颜色作为房间的主色调外，还需要有一种小的变化。感情热烈的，以暖色系中的红、黄、赭、褐为主体；喜田园诗趣的，以冷色系中的绿、蓝等色为主体。另外，采用面积、明暗、纯度上的对比来活跃色彩气氛，更是恰到好处。不大的新房，则不适合浓重的颜色。

(2) 形状图案

婚房中可以用珠线帘、纱帘等浪漫、缥缈的隔断材质来增添室内唯美、梦幻的气息；也可以用玻璃、水晶等通透、明亮的材质来塑造出一个晶莹剔透的家居环境。另外，心形、玫瑰花、"LOVE"字样等具有浪漫基调的图案必不可少。

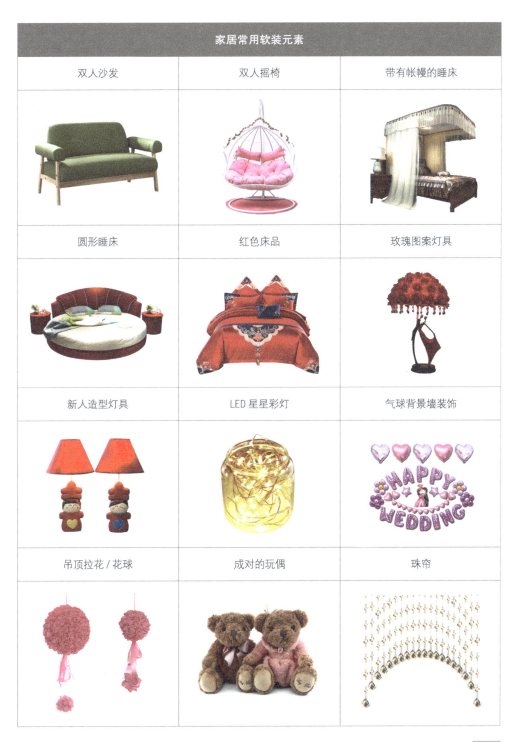

家居常用软装元素		
双人沙发	双人摇椅	带有帐幔的睡床
圆形睡床	红色床品	玫瑰图案灯具
新人造型灯具	LED 星星彩灯	气球背景墙装饰
吊顶拉花 / 花球	成对的玩偶	珠帘

家居软装实例解析

大红色床品最能体现出婚房的喜庆感，同时也方便更换，非常适合并不喜欢大面积红色装饰的新婚夫妻。

成对出现的单人座椅令夫妻双方既能有效沟通，又保有个人独立的空间，适合思想均独立的新婚夫妻；大量橘色系的软装在以灰色为背景色的空间中体现出婚房的温馨。

婚房在布艺中大量运用了红色，既能体现出喜庆的氛围，也不会因为大面积红色带来视觉上的刺激。另外，家具大多为双人小型家具，体现出温馨与甜蜜。

餐厅中的茶杯、灯具均成对出现，吻合婚房追求"好事成双"的美好寓意；软装色彩用红色、蓝色设计，既能提亮空间，也可有效区分出夫妻双方的用具。

4 男孩儿房软装布置

男孩儿房在设计时应注重其性别上的心理特征，如英雄情结，也要体现出活泼、动感的设计理念，可以将其喜爱的玩具作为装饰，活跃空间氛围。家具方面一定要保证安全性，特别是攀爬类家具。另外，边缘光滑的小型组合家具也非常适用于男孩儿房。

(1) 色彩

男孩房的装饰应避免采用过于温柔的色调，以代表男性特征的蓝色、灰色或者中性的绿色为配色中心，也可以根据男孩的年龄来搭配软装色彩。例如，年纪小一些的男孩儿，适合清爽、淡雅的冷色，而处于青春期的男孩儿，则会较排斥过于活泼的色彩，最好选择趋近于男性的冷色及中性色。

(2) 形状图案

男孩儿房的软装材质要求环保、无污染，家具可以大量采用实木、藤艺等天然材质，一定要避免玻璃材质。另外，软装可以利用卡通、涂鸦等图案，引起家中孩童的兴趣。

家居常用软装元素		
攀爬类家具	卡通造型家具	小型组合家具
简洁的实木家具	收纳型家具	蓝色系布艺
动物造型的灯具	小巧的台灯	卡通装饰画
毛绒公仔	球类玩具	变形金刚

家居软装实例解析

以彩度较高的红色和蓝色作为儿童房的主色调，清爽而富有自然气息；再用卡通图案的地毯，以及玩具来装点空间，非常适合活泼好动的男孩儿。

造型新颖的大红色汽车床、房子形态的家具，既有收纳功能，也十分生动、有趣，为男孩儿房增添灵动感，也符合男孩儿的个性。

男孩儿房装饰可以充分体现出小主人的自身喜好。例如本案，将球类玩具、机器人等作为软装饰品在空间中运用，既节省预算，又将男孩儿房的特色体现得十分到位。

年龄稍大的男孩儿一般不喜欢过于花哨的空间配色，因此采用了黑色、浊色调绿色这类沉稳色彩的家具；虽然装饰品不多，但线条利落，使男孩儿房体现出素洁的容貌。

5 女孩儿房软装布置

女孩给人天真、浪漫、纯洁、具有活力的感觉，在进行女孩儿房设计时，需要体现出这些感觉。色彩上，常用亮色调以及接近纯色调的色彩，家具和饰品也要遵循这一特点。公主床等具有童话色彩的家具，以及玲珑、活泼的卡通家具都非常适合女孩儿房，而像洋娃娃这种布艺玩具，更是女孩儿的最爱。

(1) 色彩

暖色系定调的颜色倾向，很多时候会令人联想到女孩儿的房间，比如粉红色、红色、橙色、高明度的黄色或棕黄色。另外，女孩儿房也常会用到混搭色彩，达到丰富空间配色的目的。但需注意，配色不要杂乱，可以选择一种色彩，通过明度对比，再结合一到两种同类色来搭配。

(2) 形状图案

女孩儿房在材质的选用上和男孩儿房一样，力求天然、无污染的材质；图案常见七色花、麋鹿、花仙子、美少女等梦幻图案或卡通图案，能够为女孩儿房打造出童话气息。

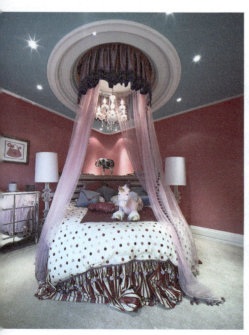

家居常用软装元素		
卡通造型家具	绚丽色彩的家具	小型组合家具
铁艺家具	公主床	带有花边的布艺
带有蝴蝶结的抱枕	糖果形抱枕	睡床纱幔
花朵造型的灯具	蕾丝灯具	洋娃娃

家居软装实例解析

白色和粉色塑造的女孩房，充满甜美气息；果绿色的帐幔与公主床唯美而浪漫，将女孩儿的特点展露无遗。洋娃娃装饰大量出现，充分体现出女孩儿的喜好。

蕾丝花边的白纱帐幔塑造出浪漫、唯美的空间，再用蝴蝶图案的抱枕、花朵图案的地毯、带有流苏的窗帘与之搭配，整个女孩房呈现出一种精致、梦幻的美感。

"小公主"们喜爱的卡通动物、蝴蝶都能成为女孩房的设计主题，再搭配带有碎花、蕾丝的精致布艺，就能将女孩房的童真与浪漫体现得淋漓尽致。

空间中的布艺色彩十分丰富，为女孩房营造出色彩缤纷的情境；再搭配一盏丛林树枝造型的吊灯，既有设计感，又十分可爱。

6 老人房软装布置

老人通常历经沧桑，喜欢回忆以前的经历，喜欢具有安稳感氛围的空间，不喜欢过于艳丽、跳跃的色调和过于个性的家具。一般样式低矮、方便取放物品的家具和古朴、厚重的中式家具是首选。另外，老人房要求空间流畅，因此，家具应尽量靠墙而立。

(1) 色彩

老年人一般喜欢相对安静的环境，在装饰老人房时需要考虑这一点，使用一些舒适、安逸的配色。例如，使用色调不太暗沉的温暖色彩，表现亲近、祥和的感觉，红、橙等高纯度且易使人兴奋的色彩应避免使用。在柔和的前提下，也可使用一些对比色来增添层次感和活跃度。

(2) 形状图案

隔音性良好和具有温暖触感的材质较适合老人房使用，而像玻璃等硬朗、脆弱的材质应避免出现在老人房中，防止出现安全隐患。另外，老人房应避免繁复图案，以简洁线条和带有时代特征的图案为主。

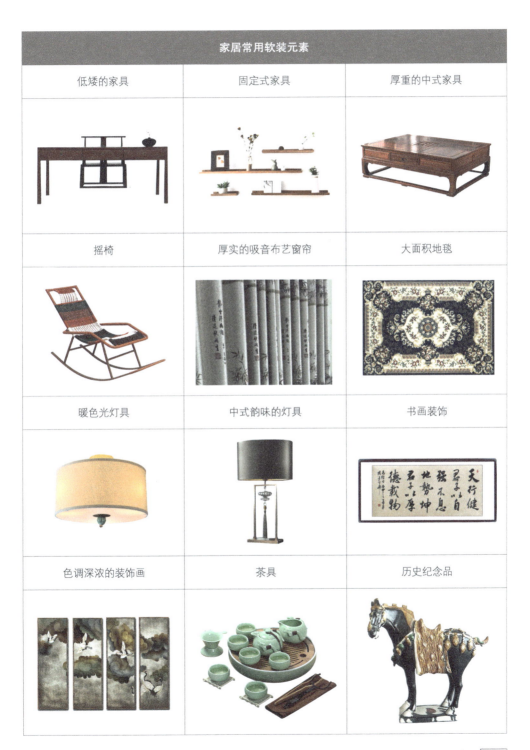

家居常用软装元素		
低矮的家具	固定式家具	厚重的中式家具
摇椅	厚实的吸音布艺窗帘	大面积地毯
暖色光灯具	中式韵味的灯具	书画装饰
色调深浓的装饰画	茶具	历史纪念品

家居软装实例解析

横平竖直的低矮家具，无论造型还是高度均十分适合老年人使用，且不会造成空间拥堵；另外，床品的色彩低调而具有层次感，既不炫目，也不单调。

老人房在床头背景设计了软包，又铺设大面积地毯，营造出良好的降噪环境；另外，家具的造型流畅，软装的色彩柔和，均与老人房的设计理念相符。

思考与巩固

1. 单身男性和单身女性的空间，在设计时有哪些区别？

2. 婚房中如何利用软装来体现温馨、甜蜜感？

3. 男孩房和女孩房在软装色彩的选用上有哪些异同？

4. 老人房的家具该如何选择？要以什么诉求为主？